2015 年度教育部人文社会科学研究青年基金项目（15YJCZH142）

审曲面势

洮砚的制作、工艺与赏评

史忠平 著

中国社会科学出版社

图书在版编目（CIP）数据

审曲面势：洮砚的制作、工艺与赏评 / 史忠平著. 一北京：
中国社会科学出版社，2019.11
ISBN 978－7－5203－5848－4

Ⅰ.①审… Ⅱ.①史… Ⅲ.①石砚－介绍－甘肃
Ⅳ.①TS951.28

中国版本图书馆 CIP 数据核字（2019）第 295000 号

出 版 人	赵剑英
责任编辑	张　潜
责任校对	王丽媛
责任印制	王　超

出　　版	中国社会科学出版社
社　　址	北京鼓楼西大街甲158号
邮　　编	100720
网　　址	http://www.csspw.cn
发 行 部	010-84083685
门 市 部	010-84029450
经　　销	新华书店及其他书店

印　　刷	北京明恒达印务有限公司
装　　订	廊坊市广阳区广增装订厂
版　　次	2019 年 11 月第 1 版
印　　次	2019 年 11 月第 1 次印刷

开　　本	710×1000　1/16
印　　张	14.5
插　　页	2
字　　数	203 千字
定　　价	86.00 元

前　　言

　　洮砚，又名洮河砚、洮河绿石砚。其石产于甘肃省甘南藏族自治州卓尼县洮砚乡喇嘛崖、水泉湾一带长约25千米，宽约2.5千米的沟壑、峡谷和悬崖之间，是我国传统的"四大名砚"之一，有着悠久的历史与灿烂的文化，古往今来深受文人墨客的追捧和喜爱。

　　翻检资料可知，洮砚的理论研究可分为四个阶段。

　　第一阶段是唐宋至明清。据已知文献记载，最早为洮砚著文者传为唐代大书法家柳公权，他在其《论砚》中将洮砚与端砚、歙砚并提，视为珍品。有宋一代，苏易简、赵希鹄、苏东坡、黄庭坚、范成大、晁补之、陆游等，都曾留有赞誉洮砚的文字。之后，金代的雷渊、元好问、冯延登，明代的高濂、董其昌、曹昭、文震亨、李日华、吴景旭，清代的吴镇、黄宗羲、钱谦益、朱舜尊、吴士玉、沈青崖、唐秉钧、张鉴等也都有述及洮砚的诗文。统观古代有关洮砚的论述，虽然只有只言片语，但若综合起来，也能看到古代文人对洮砚的定位、对洮砚产地的述说、对洮砚"石品"的赞美，以及对洮砚收藏、馈赠、题写洮砚铭等问题的触及，为我们构建洮砚的古代历史提供了非常珍贵的资料。

　　第二阶段是民国时期。这一时期的洮砚理论研究数量极少，但出现了有史以来第一部关于洮砚的专门性论著——《甘肃洮砚志》。《甘肃洮砚志》是韩军一先生 1921—1936 年在大量考察、搜集、整理资料基础上完成的。全文"近两万字，分为叙意、史征、洮州、洮水、土司、石窟、途程、采取、石品、纹色、声音、斫工、酬直、式样、砚展、篇后等十六门条目，分别对编纂目的、历史资料、洮砚的产地、辖区的历史沿革、喇嘛崖石窟、道路交通、风光景色、民族风情、石材采取、石料品质、纹色、声音、洮砚的著名工匠、洮砚的流通及价格、洮砚的图案样式以及砚展均作了或详或略的论述"①，堪为洮砚理论研究中里程碑式的成果。但遗憾的是，此手稿一直珍藏在甘肃省图书馆，至今还未正式出版面世。另外，《西北论衡》第 9 卷第 6 期，民国三十年（1941）6 月 15 日版登载了陈宝全题为《甘肃的一角》的文章，其中经济篇"绿波带水之洮砚"一节中对洮砚产地、石材、砚工及洮砚造型有所提及，但过于简洁，仅三言两语而已。② 值得一提的是，日本昭和十四年的《书苑》封面上曾连续七次刊登"宋洮河绿石大砚"原物图片，可见洮砚在当时的日本已经受到关注。③

第三阶段是 1964—1999 年。这一时期关注洮砚并在理论上对其进行介绍与研究者逐渐增多，成果颇丰。具体而言，在诗词歌赋方面：有赵朴初先生于 1965 年 7 月所作的《以新制洮砚一方见惠赋》④、单晓天先生于 1974 年 9 月所题的《洮河石砚铭》⑤、林家英发表于《党风通讯》1998 年第 2 期、《档案》1998 年第 10 期的《"九九归一"洮砚颂》等。他们继承古风，借诗赋表达了对洮砚的赞美之情。

---

① 李娜：《为洮砚修志，扬洮砚之名——记韩军一及其〈甘肃洮砚志〉》《图书与情报》2008 年第 2 期。

② 祁殿臣：《艺斋瑰宝洮砚》，甘肃文化出版社1992年版，第191页。

③ 同上书，第223页。

④ 同上书，第222页。

⑤ 同上书，第221页。

在论文发表方面：1980年，傅秉全在《故宫博物院院刊》第4期上发表了题为《洮河石砚与䴕矶砚》的文章，用一半的篇幅介绍了洮砚的石材以及故宫博物院所藏的"宋洮河石蓬莱山砚"。1981年，《甘肃工艺美术》杂志创刊，首篇发表了郝进贤的《洮河绿石砚》。该文语言朴实，但有考证特点，强调了洮砚石的"德"和"才"。最可贵的是，他将洮砚石料按矿坑、效能、石质、纹理等特征，分等级制成"郝氏洮河砚石等级分志表"，为进一步认识洮砚石材提供了详细的参照。与郝文同刊的还有徐自民的《洮砚风格浅谈》，从古今洮砚实物入手，分析了洮砚的造型风格与特点。1983年，《甘肃工艺美术》第3期发表了贾晓东《为有源头活水来——制作敦煌菩萨砚点滴体会》的文章，从创作入手，谈及作者自己的制砚体会。1988年，《甘肃轻纺科技》第4期发表了西原的《砚林小考》。1978年4月15日，《书法报》第2版刊登了李学斌的《漫话洮砚》。1989年9月16日，《甘南报》卓尼专版刊登了祁殿臣、田闻的《卓尼名贵物产洮砚》。1989年9月22日，《甘肃日报》"新县志"专栏刊登了祁殿臣的文章。①分别从不同的角度对洮砚进行宣传和介绍。1991年，卢文珍在《档案》第10期发表《洮砚——甘肃的"绿宝石"》一文，对洮砚尤其是洮砚石的类型做了划分。1991年12月17日的《定西报》第4版雍涛题为《洮砚熠新彩——访卓尼县雕刻大师张建才》的文章，介绍评论了张建才的作品。②《丝绸之路》连续在1993年第3期、1994年第3期、1994年第11期发表了黎泉的《洮河绿石含风漪》，薄满红、王清贵的《艺斋瑰宝——洮砚》，秋子的《洮砚论稿》三篇文章。其中秋子的文章从造型特色、砚林地位等方面论述洮砚，尤其是将洮砚石界定为神、极、珍、妙、能五个品级，并论述了洮砚的创新趋向，在当时的洮砚研究

---

① 前述四篇文章见祁殿臣《艺斋瑰宝洮砚》，甘肃文化出版社1992年版，第233—234页。

② 见祁殿臣《艺斋瑰宝洮砚》，甘肃文化出版社1992年版，第235页。

中有一定的理论高度和当下意义。薄满红、王清贵的文章从色泽、款式、纹理、图式构思等方面介绍洮砚，强调了石形带盖、多层次、透雕镂空技艺、以传统贡品图式龙凤图案等是洮砚有别于其他砚种的特点。《党的建设》1995年第4期发表了高占福《文房四宝话洮砚》的文章，介绍了洮砚的产地，新中国成立以后洮砚厂社及砚工张建才和李学斌。1999年，《西北第二民族学院学报》（哲学社会科学版）第3期发表了吴建伟的《洮砚丛说补遗——黄宗羲诗〈史滨若惠洮石砚〉诠释》一文。文章除了对黄宗羲诗中有关洮砚开发、流传、砚材优点及其他一些相关的典实进行逐句诠释外，还提到了手刻油印本资料《洮石志》。这是一篇很有价值的考释性学术论文，堪为这一阶段洮砚研究中水平最高的论文。

在著作出版方面：1966年，日本东京木耳社出版了相浦紫瑞的《洮河绿石·澄泥砚：附·诸砚》一书。其中"洮河绿石砚"部分，从"名称·产地·採出""洮河绿石砚の资料""砚式と鑑识の困難性""特質"四方面对洮砚进行了全面的研究。"七十年代，日本小野钟山编写《宋洮河绿石兰亭砚》，专门介绍洮砚。"[1]1971年，天水雕漆厂技师刘大有受甘肃省工艺美术厂之托，走访调查后撰写《洮石志》一册。笔者至今未曾见到此册，但据祁殿臣介绍，其为一本手刻油印的小册子，共约一万字，简单分述了洮砚的产地、石质和石品。[2]据吴建伟介绍，"早在1974年，我有幸得到了一本手刻油印的《洮石志》，是化名'大有'的作者在天水写成的。给我的影响是这本油印材料是提供给兰州工艺美术社的洮砚雕刻师用来'推陈出新'的。内容芜杂，引征粗疏，字迹也多处模糊不清。可贵之处是这个材料的《艺文部分》，集中引录了从北宋到近代十多位文人对于洮砚的不同

---

① 祁殿臣：《艺斋瑰宝洮砚》，甘肃文化出版社1992年版，第223页。
② 同上书，第222页。

载记。就我到目前为止所见，这是引录有关洮砚古代资料最全的著作了。但也有严重的缺漏"①。1992年，祁殿臣编著的《艺斋瑰宝洮砚》由甘肃民族出版社出版，该书共分石料、石质、砚工、雕刻、生产经营、历代文献选注六章，是国内洮砚研究中继韩军一之后的又一座高峰。其内容的全面性、资料的翔实性、写作的规范性、研究的学术性都为后来很多相关研究所不及。

可以说，1964—1999年的35年里，洮砚的中外理论研究都取得了很大的进展。不仅出现了《艺斋瑰宝洮砚》等全面、系统、宏观的成果，而且出现了《洮砚丛说补遗——黄宗羲诗〈史滨若惠洮石砚〉诠释》等微观、深入、考究的成果；不仅有郝进贤、徐自民、贾晓东等洮砚雕刻者结合实践经验所做的研究，而且有专门采访砚工而形成的个案研究。

第四阶段是2000年至今。这一时期的洮砚研究无论是在数量、范围，还是深度、广度上都有所进展。

在报纸介绍、宣传方面：不仅报道了一些与洮砚相关的人与事，而且刊登了部分洮砚的研究文章。如梦绮的《山沟致富有路、竞业前程开阔——记甘肃省洮砚开发公司总经理赵成德》（《工人日报》2001年6月17日）、《洮砚出名品》（《中国商报》2001年8月11日），陇燕的《洮河绿石砚》（《中国商报》2001年10月13日），任仲选的《流光溢彩的洮砚文化》（《甘肃日报》2002年10月30日）、《洮砚历史有望改写》（《甘肃日报》2002年12月6日），凌涛的《洮砚文化的塑造者》（《甘肃日报》2003年1月13日），阎家宪的《洮河石打造秦淮八"砚"》（《中国商报》2003年7月24日），梁发苫的《洮砚迎来流金岁月》（《甘肃日报》2004年2月25日），王

---

① 吴建伟：《洮砚丛说补遗——黄宗羲诗〈史滨若惠洮石砚〉诠释》，《西北第二民族学院学报》（哲学社会科学版）1999年第3期。

雨的《"祖国统一"巨型洮砚巧夺天工》(《甘肃日报》2004 年 9 月
30 日),刘烁贤的《洮砚情缘》(《中国商报》2004 年 2 月 19 日),
李永武的《小洮砚要做大文章》(《兰州日报》2005 年 12 月 6 日),
张丽娜的《砚业迷失在传统与现代之间》(《消费日报》2007 年 9 月
26 日),贵荣的《"洮砚王"再谱乐章 "辉煌砚"亮相京城》(《定
西日报》2009 年 6 月 1 日),李东晟的《纪念"5.12"汶川特大地震
巨型洮砚入藏中央档案馆》(《中国档案报》2009 年 5 月 14 日),
孙建军、王雨的《岷州自古出洮砚》《洮砚自古出岷州》(《甘肃经
济日报》2010 年 9 月 19 日、《甘肃日报》2010 年 8 月 8 日),王雨
的《岷县荣膺中国洮砚之乡称号》(《甘肃日报》2010 年 7 月 25 日),
孟万春的《岷县荣膺"中国洮砚之乡"荣誉称号》(《民主协商报》
2010 年 8 月 27 日),李晔的《甘肃洮砚成世博会特许商品》(《解
放日报》2010 年 7 月 5 日),赵全福的《"赵砚娃"和他的洮砚文化
产业》(《甘肃经济日报》2012 年 2 月 27 日),魏建军、王雨的《砚
无只语、洮代其言》(《甘肃日报》2015 年 9 月 10 日),姚建武等
的《"洮河砾石砚"为洮砚产业开疆添彩》(《甘肃经济日报》2015
年 12 月 29 日),张法的《浩瀚丝路上的探寻微思》(《中国教育报》
2015 年 9 月 12 日),李薇薇的《丝路非遗千年传奇如何演绎》(《中
国教育报》2015 年 9 月 12 日),陈锋的《"四大名砚"考辨》(《光
明日报》2016 年 5 月 18 日),赵梅的《洮砚:石头和人的深情对话》(《甘
肃日报》2017 年 11 月 22 日),宋振峰、李满福的《方寸洮砚暖人心》
(《甘肃日报》2017 年 10 月 31 日),赵丽莎的《砚业的未来在哪里》
(《美术报》2018 年 5 月 26 日)等。

在期刊论文方面,主要可分为以下几类。

(一)深入的学术研究。此类论文是这一时期洮砚理论研究中的
高层次成果,具有较高的学术性。如苏清华的《中国洮砚及其造型艺
术》(《兰州教育学院学报》2001 年第 1 期),冯守国、陈恩琦的《洮

河绿石含风漪》（《上海工艺美术》2004年第1期），李娜的《为洮砚修志，扬洮砚之名——记韩军一及其〈甘肃洮砚志〉》（《图书与情报》2008年第2期），陈沁的《洮河流珠，砚之瑰宝——解读洮砚的艺术价值》（《和田师范专科学校学报》2010年第1期），罗扬的《宋代洮河石砚考》（《文物》2010年第8期），史忠平的《洮砚的历史与审美》（《艺术生活——福州大学厦门工艺美术学院学报》2014年第3期），《洮砚的雕刻历史与工艺传承》［《兰州文理学院学报》（社会科学版）2014年第5期］、史忠平的《古代文人与洮河绿石砚》［《兰州文理学院学报》（社会科学版）2018年第2期］等。

（二）洮砚的收藏与鉴赏。此类论文介绍古砚、分享个人收藏并对洮砚作品进行鉴赏，具有一定的资料价值。如孙增喜的《我的洮河石砚》（《当代人》2011年第2期）、李璘的《洮砚古品觅踪》（《丝绸之路》2002年第11期）、王如实的《晚唐也有洮河砚》（《收藏家》2003年第1期）、可人的《绝代珍品——瓦当形洮河石砚》（《收藏界》2004年第11期）、王俊虎的《潜入砚海觅珍宝，融会贯通辩绿洮——古洮河砚的鉴识管见》（《收藏界》2007年第12期）、王青路的《明·史可法铭黄道周玄武纹叶形洮河石砚》（《文艺生活》2009年第10期）、半知的《宋代十八罗汉洮河砚之猜想》（《东方收藏》2010年第1期）等。

（三）介绍砚工。此类文章对砚工进行推介与评价。如雷虎的《传统文化之洮砚——成也洮石，败也洮石》（《绿色视野》2013年第5期）、刘勇先的《神斫洮砚技艺，传承创新有人——洮砚雕刻大师杨寿喜》（《东方收藏》2014年第5期）、一得的《洮河水畔，砚石醒着——访洮砚艺术传承人李江平》（《甘肃农业》2016年第8期）等。

（四）简单介绍或概述洮砚。此类文章主要以普及洮砚常识为主。如张和纬的《北方名砚洮砚》（《地球》1994年第1期）、高洪波的《洮砚》（《当代》1994年第3期）、孟宪松的《砚中瑰宝——洮河绿石砚》（《中国宝玉石》1995年第4期）、杨晓冰的《洮砚》（《风景名胜》2001年第3期）、邓海平的《洮砚"名"在哪里》（《金融经济》2007年第13期）、黄石的《洮河石砚以中国"四大"名砚之一砚魅华夏》（《中国地名》2014年第4期）等。

（五）对洮砚石材的产地、地质特征，及其作为非物质文化遗产的保护研究。如《洮砚石材产地考察》（《丝绸之路》1998年第2期），杨春霞、王晓伟等的《甘肃卓尼喇嘛崖洮砚地质特征及成因》（《矿产与地质》2010年第4期），刘军、于国伟的《甘肃卓尼洮砚非物质遗产保护地规划研究》（《建筑设计管理》2011年第8期）等。

（六）在具体分析甘肃洮砚的基础上，对洮砚的价值及艺术特色所做的研究。如师容的《从商品学角度浅议洮砚价值》（《中国包装》2014年第11期），伍兴仁的《关于甘肃洮砚及其艺术特色的探讨》（《美术教育研究》2016年第3期），黄丽珉、杨甜甜的《卓尼洮砚的艺术与审美价值浅析》（《雕塑》2016年第4期）等。

（七）对洮砚宣传报道的文章。如张晓燕的《纪念"5·12"特大地震巨型洮砚入藏中央档案馆，国家档案局副局长、中央档案馆副馆长段东升、杨继波出席捐赠仪式》（《档案》2009年第3期）、王天泉的《中央档案馆收藏纪念汶川特大地震大型洮砚》（《中国档案》2009年第6期）、封尘的《洮州绿石含风漪，能泽笔锋利如锥——2014洮砚文化研讨会召开》（《民间文化论坛》2015年第1期）等。

（八）洮砚艺人的研究文章。此类论文是洮砚制作者长期实践与研究的结果，如王玉明的《洮砚也有石眼》《洮砚的特征及工艺流程》（同时发表在2011年2月《甘肃科技报》第16版），汪忠玉的《翠云轩砚事锁札》（《21世纪中华传统文化》2012年第3期），马万荣的《洮砚的今生》（2010年，甘肃卓尼洮砚协会《会刊》2012年·2013年合刊），曾鹏德的《突破与创新——浅谈洮砚〈吉祥如意砚〉的设计与雕刻》（《雕塑》2015年第3期）、《浅谈细节雕刻在洮砚包装设计中的应用》（《中国包装工业》2015年第10期）、《全析新文人砚代表作〈祥云佛龛砚〉的设计与雕刻》（《甘肃高师学报》2015年第6期），贾晓东的《浅谈敦煌元素在洮砚上的创新》（《中国文房四宝》2016年第1期）、《敦煌题材在洮砚上的创新与发展》（2016年3月《工艺与创新——工艺美术》第4辑）、《文化产业的革命·洮砚的品牌化发展》（《神州》2017年第11期），李江平的《洮砚雕刻刀法与保养方法简述》（《海峡科技与产业》2018年第1期），卢锁忠的《洮砚的传承与发展》（《海峡科技与产业》2018年第1期）等。

（九）硕士学位论文。有杨甜甜的《卓尼洮砚研究》（西北师范大学，2016年）、吴平勇的《传统手工技艺的非正规教育传承模式研究——洮砚制作技艺的个案分析》（西北民族大学，2013年）、刘亚亚的《洮砚文化的人类学调查与解读》（兰州大学，2018年）。

著作方面，2007年8月，祁殿臣编著的《卓尼洮砚产业文化》由甘肃民族出版社出版。该书除了在洮砚雕刻方面做了补充之外，基本保持了作者在《艺斋瑰宝洮砚》中的资料和研究角度。2009年12月，中国文史出版社出版了何义忠主编的《洮砚文化》，该书收录古今咏洮砚诗文、砚铭选粹、洮砚研究短文共计260余篇。2010年9月，安庆丰的《中国名砚·洮砚》由湖南美术出版社出版。该书介绍了洮砚的历史文化、发展现状、名人关系、地理风情等，展现了洮砚的特征与石品、赏鉴收藏、保养知识、洮砚的制作名家、工艺及精品赏析，图文并茂。尤其是在洮砚石材的划分及鉴赏方面有一定的贡献。该书应是祁殿臣《艺斋瑰宝洮砚》之后的又一本有价值的著作。2011年5月，由沉石编著，卢锁忠、马万荣主编的《中国洮河砚》一书，由甘肃文化出版社出版，书中对洮砚做了比较全面的介绍，但都非常简单。2012年8月，文物出版社出版了吴笠谷所著《名砚辩》。该书是一部关于古砚的辨伪著作，其中"洮砚起始数则略析——多少他山绿石假洮河之名行之？"部分对有关洮砚的十八个问题进行考论。2014年4月，李德全的《话说洮砚》由人民文学出版社出版。该书本源于为拍摄《话说洮砚》的纪录片而撰写的解说词，后来扩充成十二万余字，四百余幅图版的著作，是一部集资料性、学术性、文学性于一身的，深入研究洮砚的优秀成果。2014年7月，王玉明的《洮砚的鉴别与欣赏》由甘肃人民美术出版社出版。全书共分五章，重点对洮砚的历史、产地、坑口、石材、制作、保养、鉴赏做了整体介绍。书后除录有韩军一的《甘肃洮砚志》外，还收录了王慧的《选购洮砚有讲究》（原载《甘肃日报》1994年11月3日第7版）和《洮砚雕刻技术之我见》（连载于《甘南纵横》1997年5月20–21日）两篇文章。2014年8月，车建军的《鉴石集粹话洮砚》由甘肃文化出版社出版。该书主要由洮砚的历史文化地位、洮砚的坑口石品、洮砚的雕琢艺术与鉴赏收藏、石材趋缺下的洮砚文化危机、洮砚的传播与名家名作等篇章组成，全面叙述了洮砚的历史、发展及现状。有价值的是本书附录一整理了一份普通砚工名录。2014年9月，甘肃文化出版社出版了包孝祖、季绪才编著的岷县非物质文化遗产保护丛书《中国洮砚》。该书是为普及洮砚文化、传承洮砚制作技艺而编写的乡土教材，全书共分为18课，对洮砚进行了全面介绍，是一本较好的洮砚教材。另外，作者研究制作的"洮砚的形制示意图"也颇有价值。2018年5月，敦煌文艺出版社出版了袁爱平的《国宝洮砚》，仍然遵循传统的介绍模式，从各个方面对洮砚进行了概述。但该书在第二十四章"洮砚人的梦想"中分别为赵成德、马万荣撰写了传记式的长文，突破了之前所有著作对砚工进行简介的惯例，对洮砚传承的个案研究有所贡献。

　　通过对古今有关洮砚研究成果的梳理，可以发现，古代论及洮砚的文字虽然非常稀少，但却为后世确立了洮砚鉴藏与欣赏的文人视角。只可惜这些文字只言片语，使很多问题不能走向全面和深入。民国时期韩军一的《甘肃洮砚志》作为洮砚理论研究中的里程碑式成果，不仅在宏观上呈现了洮砚的方方面面，而且为后来的研究者提供了大量的资料。更重要的是，韩先生为洮砚构建了理论框架。新中国成立以来，洮砚在三个方面取得了突出的成绩。其一，在政府的支持下，除了原有的家庭作坊外，各级洮砚厂得以成立。不仅扩大了洮砚的生产规模和销售渠道，也让国内外越来越多的人了解、认识了洮砚。其二，出于对洮砚制作工艺传承的紧迫感和责任感，各级洮砚厂社都很重视人才培养。其三，对洮砚相关资料的挖掘整理与理论研究也有很大的进展。无论是新闻媒体，还是相关学者；无论是从事洮砚制作的人，还是喜好洮砚收藏的人都对洮砚理论研究表现出很大的兴趣，这使得洮砚研究进入了一个相对繁荣的时期。但实际上，在众多的篇幅中，简短的宣传报道和粗浅的普及性介绍却占去了百分之八九十。究其原因，要者有四。其一，各种洮砚公司虽言"文化产业"，但却只重"产业"而忽略"文化"，不明白二者相辅相成、互相渗透的关系，从而忽视了对洮砚的理论研究。其二，洮砚工艺继承者文化水平普遍较低，虽有切身体会和丰富经验，但难以诉诸文字。与此同时，没有实践经验的外来研究者，虽然能在理论上进行阐述，但对于具体的技法问题也不能准确地描述。其三，洮砚作为一类民间工艺，程式化痕迹明显，部分问题几成定论，难以出新，导致研究者为理论而理论，人云亦云，笼统空洞。其四，有意研究洮砚的学者，由于交通、经费、时间等原因，不能深入调查、采访和研究，以至于所作论著基本停留在介绍层面。

可以说，目前洮砚理论的研究现状与形势整体上是可喜的，但仍有诸多命题需要关注和深入研究。比如洮砚艺人的口述史、洮砚制作的家族史、洮砚图谱的流传史、洮砚技法的文本化呈现、洮砚传人的个案研究以及如何提升洮砚的艺术品位、如何有效保护洮砚石材等。本书正是基于这些思考，在大量采访调研的基础上，对众多砚工进行了个案研究。也正是在这一过程中，不断积累口述资料、文献资料与图片资料，最后，使以上所提的几个问题逐渐清晰。但限于能力和时间，本书仅就洮砚的工艺与制作进行了较为深入的研究。全书共分四章，第一章是洮砚的材质与工具。主要在前贤普遍介绍洮砚石材与工具的惯例基础上，将洮砚砚材与工具进行分类和细化。尤其是把雕刻工具分为切割类、绘画类、铲削类、雕刻类、敲凿类、刮削类、打磨类、绘制类八大类进行详细描述，不仅呈现了洮砚制作工具的用途，而且探讨了每一类工具的发展和演进。除此之外，还对韩军一《甘肃洮砚志》中有关砚材、产地等信息进行了梳理。第二章是洮砚的形制与装饰。本章在继承前人对洮砚图案各种分类的基础上，重点对古今洮砚图案的发展变化进行梳理。对现存有代表性的图案手稿进行整理和刊布，对洮砚的装饰区域、规律、要求等进行论述。第三章是洮砚的工艺与制作。本章主要结合实例，对箕形砚、抄手砚、龙砚、人物砚、花鸟砚、山水砚的制作工艺与流程做了详细的论述，从而使洮砚传承中口传心授的技艺完成文本化呈现，更加有利于后世的传承。第四章是洮砚的欣赏与品评。本章从尚石、尚用、尚工、尚艺四个方面进行论述，整体勾勒了洮砚审美的四个阶段和标准，也为品评洮砚作品提供了参照系。《考工记》云："审曲面势，以饬五材，以辨民器，谓之百工。"也就是说，充分了解自然物材的形状、性能，并根据材料本身的性状，施加人工，制为器物，并为百姓所用，是百工的职责所在。作为百工之一，洮砚砚工正是在每一次"审曲面势"中成就了一方方作品。而洮砚的欣赏者，则又从反向感知洮砚制作者"审曲面势"的过程及心理。由此，本书以"审曲面势"为题，在其框架下探讨洮砚的工艺、制作与赏评问题。

在本书的撰写中，我们核对、补全了韩军一的《甘肃洮砚志》，收集了罕见的洮砚图谱，也在各种资料中集录了大量洮砚图版。一并以附录形式刊于书后，希望能为后来的研究者提供方便。

由于学识有限，时间仓促，加之缺少实践经验，本书的完成主要靠实地考察和走访砚工，缺陷和偏颇在所难免。敬希读者不吝批评、指正。

目　录

第一章　洮砚的材质与工具

　　砚是我国传统的文房用具，其在传承中华文化中起到了极其重要的作用。纵观古今砚史、砚论，可谓名品林立。然细考之，则可发现，砚林诸品，形制、纹饰大致一脉，所不同者，材质也。

　　从出土的砚台实物来看，可为砚材者，主要有石、泥土、木、金属几大类。以石为材者，又因产地不同而各得其名，如端砚、歙砚、洮砚等；以泥土为材者，则因制作工艺相异而得名，如陶砚、瓷砚、瓦砚、砖砚、澄泥砚等；以木为材者，或凿木为砚，或以木为胎，施以漆艺，而成漆砚；以金属为材者，则有铜砚、铁砚等。傅玄《砚赋》云："木贵其能软，石美其润坚。"①足见不同砚材，各具其美。可以说，自从砚被使用以来，其制作者与使用者便没有中断过对理想砚材的追求。说一部中华砚史就是一部砚材的探寻与开发史也并不为过。

　　出土实物及相关研究表明，自汉代以来，每个朝代流行的制砚材料并不相同。朱思红先生曾在《略述砚的产生及其形制的演变》一文中结合历代出土砚，对各期砚材的使用情况进行研究，所得结论是："两汉时期，以陶制、石制居多；另有漆、木、瓷等其他材质的砚。魏晋南北朝时期，陶、瓷砚比较流行；石砚次之；也有以铜等金属为

---

① （宋）苏易简：《文房四谱》卷三，"砚谱"二，清十万卷楼丛书本，第26页。

1

砚的。隋唐时期，陶、瓦砚流行；瓷砚盛行；石砚有新的发展；澄泥砚开始制作。两宋时期，石砚最普遍，澄泥、陶、瓷砚次之；也有漆砂、铁砚等。明清时期，石砚为主，端、歙、洮石砚尤为注重，之外有澄泥、瓷、木、漆砂砚，以及铜、铁等金属砚。"①华慈祥先生曾在出土砚中分别选取隋唐五代时期的102方，两宋时期的102方，辽、金时期的38方，按照材质进行分类与统计。结果显示，在隋唐五代时期的102方出土砚中，陶砚共有56方，占54.9%；瓷砚共有26方，占25.49%；陶瓷砚共2方，占1.96%；澄泥砚共1方，占0.98%；端石砚5方，占4.9%；歙石砚1方，占0.98%；石砚11方，占10.78%。②在宋辽金时期的140方出土砚中，石砚共56方，占40%；陶砚共38方，占27.14%；端砚、歙砚和澄泥砚分别为17、8、11方，占12.14%、5.71%和7.85%；其他材质10方，占7.14%。③这一数据虽然不能穷尽隋唐五代与宋辽金所有的出土砚，但足以反映这个时期砚材的基本使用情况。从中所得的结论是："所谓的'四大名砚'在唐代并非主流，这是可以肯定的。同时，隋唐五代时期出土的石砚大概只占10%左右，各类陶瓷砚才是主角。到了宋辽金时期，石砚才在两宋渐为主流，而在北方，出土陶瓷砚的数量依然大大超过石砚（这与端、歙石产地在南方有关）。大概要到明清时期，石砚才成为中国砚的代名词。"④

　　总之，前贤的成果已为我们呈现了古代砚材的种类及其在各个时期的使用情况。从中可见石材早在汉时就被用于制砚⑤，唐宋以来开始

---

① 朱思红：《略述砚的产生及其形制的演变》，《文博》1992年第6期。

② 详见华慈祥《隋唐五代出土砚研究》，《上海博物馆集刊》2008年。

③ 详见华慈祥《宋、辽、金出土砚研究》，《上海博物馆集刊》2005年。

④ 华慈祥：《隋唐五代出土砚研究》，《上海博物馆集刊》2008年。

⑤ 在论及石砚时，朱思红先生说："最早的砚当为石砚。一是因为'砚'字从石；二是因为在当时，石料的采集和加工都比较容易；另外，由于砚的研磨作用，而对砚料的质地有一定硬度要求，这也是以石为砚的原因之一。"见朱思红《略述砚的产生及其形制的演变》，《文博》1992年第6期。从实物资料来看，汉代的石砚也较多，可以分为圆形石砚和长方形石黛板砚两大类。

流行，明清两代达到高峰。时至今日，石砚已成为中国砚的代名词，各种石材争奇斗艳，共同构成了多彩的砚林。所以，凡研究石砚者，莫不述其产地、考其坑窟、论其石质、品其色泽、味其纹理。洮砚作为石砚中的名品，其石之佳，早已成为研究者赞誉的对象，也成为了解洮砚的前提与基础。

第一节　洮砚的材质

有关洮砚石材的产地，古来众说纷纭。典型者有"产陕西说"（明、清时期人多持此说。如高濂[①]、文震亨[②]、曹昭[③]等）、"产临洮说"（自宋至清言洮砚出临洮者甚多。如晁说之[④]、陆游[⑤]、元好问[⑥]、胡季堂[⑦]、黄宗羲[⑧]、乾隆[⑨]等）、"产洮州说"（宋、明已有此说，

---

① （明）高濂《燕闲清赏笺》云："洮河绿石……出陕西，河深甚难得也。"见《遵生八笺》卷十五，明万历刻本，第339页。

② （明）文震亨《专物志》云："洮砚出陕西洮河府中。"转自祁殿臣编著《艺斋瑰宝洮砚》，甘肃民族出版社1992年版，第179页。

③ （明）曹昭《格古要论》云："尝闻洮河绿石，……出陕西临洮府大河深水中，甚难得也。"见《新增格古要论》卷七，清惜阴轩丛书本，第85页。

④ （宋）晁说之《晁以道砚铭》云：洮砚"西在临洮，其所从来远矣"！见《豫章黄先生文集》第十三，四部丛刊景宋乾道刊本，第91页。

⑤ （宋）陆游《剑南诗稿》云："玉屑名笺来濯锦，风漪奇石出临洮。"见《剑南诗稿》卷十九，《休日与客燕语既去听小儿诵书因复作草数纸》。清文渊阁四库全书补配清文津阁四库全书本，第306页。

⑥ （金）元好问《赋泽人郭唐臣所藏山谷洮石砚》云："县官岁费六百万，才得此砚来临洮。"见《元遗山诗集笺注》卷四，清道光二年南浔瑞松堂蒋氏刻本，第82页。

⑦ （清）胡季堂《和刘石菴冢宰谢赠洮河石砚原韵二首》云："曾过天山问旧碑，临洮城外数经之。"见《培荫轩诗文集》诗集卷三，清道光二年胡鳞刻本，第45页。

⑧ （清）黄宗羲《史滨若惠洮石砚诗》云："吾友临洮旧使君，赠我一片寒山云。"见《南雷诗历》卷三，清郑大节刻本，第21页。

⑨ 乾隆有"临洮绿石"之句。见（清）于敏中：《西清砚谱》卷二十一，清文渊阁四库全书本，第86页。

但最多者还是清至民国时期的人及地方志。如洪咨夔①、杨信相②、陆深③、《甘肃通志》④、《甘肃新通志》⑤、《甘肃通志稿》⑥等）。除以上三种说法而外，另有"岷州说""河州说""陇西说""狄道说"等。之所以如此，均因洮砚产地行政建制废置无常，以及大多古人并未亲临其地所致。也正因如此，有人便著下含糊其辞之说。如清人唐秉钧《文房肆考图说》中就既有"陕西临洮府，洮河绿石"⑦之说，又有"绿石砚，此出洮州"⑧之论。

自民国开始，韩军一先生亲自考察洮砚产地、采访砚工，并著有"石窟""途程""采取""石品""纹色""音声"诸节，专论洮石坑洞、开采及品质等问题，为后世提供了可靠而珍贵的资料（表1-1）。20世纪80年代，郝进贤先生曾将洮砚石料从等级、坑历、坑名、效能、色质、纹理、特征等方面进行研究归类，最终梳理出《郝氏洮河砚石等级分志表》，让洮砚石材的分类更加明晰（表1-2）。后来凡著书者，如祁殿臣、安庆丰、李德全、沉石、卢锁忠、马万荣、王玉明、车建军、袁爱平等都不同程度地谈及洮砚石的产地、石质、色泽与纹理。其中祁殿臣先生曾在其《艺斋瑰宝洮砚》中附有翔

① （宋）洪咨夔《洗砚诗》云："自洗洮州绿，闲题柿叶红。"见《平斋文集》卷六，四部丛刊续编景宋钞本，第73页。

② 杨信相有"但见洮州琢蛾绿，焉用歙溪眉子为"之句。见（宋）高似孙《砚笺》卷三，清棟亭藏书十二种本，第19页。

③ （明）陆深《俨山外集》说："洮河绿石出洮州卫，上关西与西番接境。"见《俨山外集》卷十六，清文渊阁四库全书本，第66页。

④ 《甘肃通志》说"洮石砚，出洮州卫"。见（清）许容修《甘肃通志》卷二十，清文渊阁四库全书，第378页。

⑤ 《甘肃新通志》载："洮石砚出洮州。"见祁殿臣编著《艺斋瑰宝洮砚》，甘肃民族出版社1992年版，第190页。

⑥ 民国纂修的《甘肃通志稿》明确说："洮河绿石出洮州，在洮河下游临潭县境内，此地由卓尼土司杨氏管辖。"见祁殿臣编著《艺斋瑰宝洮砚》，甘肃民族出版社1992年版，第190页。

⑦ （清）唐秉钧：《文房肆考图说》卷三，清乾隆刻本，第14页。

⑧ 同上书，第15页。

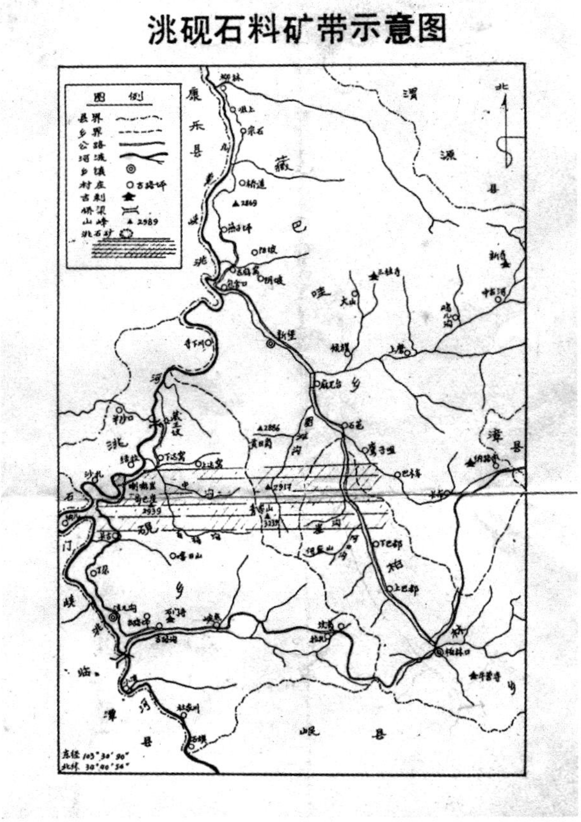

图1-1　祁殿臣《艺斋瑰宝洮砚》中的"洮砚石料矿带示意图"

实的"洮砚石料矿带示意图"（图1-1），并列举了截至20世纪90年代初及之前已开采的矿点和已勘探的矿体露头，主要有：喇嘛崖、水泉湾、纳儿、卡古直沟、青岭山砚瓦石咀、圈滩沟、下巴都崖沟、卡布鹰子咀等。随着洮砚石用量的不断增加，加之上等石料的日益短缺，采石人与砚工们一直在寻找新的矿点。近些年来，在以喇嘛崖、水泉湾、纳儿为中心的矿带中，又发现了中沟、双杆、瓜皮黄、沙扎、炭笼牙豁口、拐洞湾等砚矿露头。《丝绸之路》1998年第2期发表一篇题为《洮砚石材产地考察》的文章。作者除绘制了"洮砚石材矿带分布示意图"（图1-2）外，还讲述了自己从1990年以来对洮砚石材产地进行的考察。文中介绍了岷县铁池矿带所产的铁池石或西江

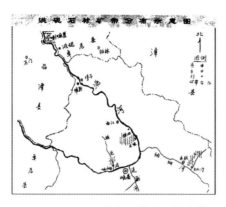

图1-2 《洮砚石材产地考察》中的"洮砚石材矿带分布示意图"

石、岷县岷山矿点所产的岷山石或板达石，以及禾驮矿带所产的禾驮石或义仁石。作者指出"（洮砚石）矿点分布范围较为广泛，除卓尼县喇嘛崖矿带外，在岷县境内就有多处矿体露头，即使卓尼境内，也非喇嘛崖（含纳儿崖、水泉湾）独有，矿带范围大大超出喇嘛崖。根据地质分布特点，估计漳县和渭源县境内也有砚石矿体存在的可能性，惜未实地考察"。

洮砚石材的优劣，是品评洮砚的主要标准。所以，洮砚的发展和延续一方面要面对优质石材日渐减少的现实，另一方面也须努力寻找理想的替代矿藏。近年来，人们对新发现的砚石存在一种矛盾和复杂的心理，甚至不愿意将有些石料与"洮砚"二字联系在一起。因为，在绝大多数洮砚人的心中，都有一个喇嘛崖情结，甚至有一个老坑情结（图1-3）。可以说，洮砚之所以被誉为砚中名品，就在于其"石品"的优良，若远离了出产佳石之地，则"洮砚"之实很难符"洮砚"之名。但正如韩军一先生所说："石之优恶，并不止于一窟一孔。"就目前现状而言，洮砚石整体仍以主产矿带的开采为主，其"石品"不仅能达到制砚标准，也仍能与古今品评相符。下面就结合历代文献对洮砚石的内在品质和外在品相做一论述。

图1-3 洮砚石的主产地喇嘛崖

6

表1-1

《甘肃洮砚志》砚石分类

产地与名名	位置及当时的状况	采取	石品	纹色	备注
喇嘛崖石　洮人简称喇嘛崖老窟	"今洞口高七尺余,洞广长七丈七尺,洞深一丈五尺。居喇嘛崖山之腰,洞外边崖峭壁,崖状极峻拔。上至山巅五十多丈,下与洮水亦三十丈余。乔松周遍,一望无际,高山坡,崖根干枯,无土无根,皆帧干大黄、完参、甘草诸药。自远瞩望,山峰崎立,屹然若喇嘛曾唱,故曰喇嘛崖。"	"旧窟之旁,立有石刻'喇嘛各神祠'。凡持有洮眠路巡防司令部部官文芬书未此取石者,得先与常任纳儿之包总管接洽妥帖,然后由总管通知达窟土民,方可如期持器来打石头。打石之前,必先照旧例宰羊一只,祭祀'喇嘛各',诚以求之,则'神'将相之,土人启之。石乃兴发。如是所取之石,当不至不至干碎,而且不成坯材,不致枯裂,否则顾粗干枯,甚止不得佳石,有时且可出现黄蛇及石块坠落,创损人体诸患。"	"熟悉洮石者,莫不称赞喇嘛崖旧窟中所产石为第一。其石嫩,略无片瑕。如润清华,握之稍久,掌中水溢,按之温润,呵之成液,真文明之璞,圭璋之质,可与洮水泉语而称著者也。然此窟所产砚石,其材质亦不能尽居上品,粗涩者充盈其间,举凡皆是。清涧者过不其儿。盖璞中砚材,久已不易多得矣。窟之近旁,崖之左右,可供所磨刻削为砚者,皆有之。然大都为风日所嗽,顾粗粗不堪作砚材。"	1. "喇嘛崖砚材,俗称绿歌石,以细润蕴籍,明净而绿者为上品。而石皮有黄膘者,尤为珍异,不可多得。黄膘与黄霞不同,黄膘乃青之所凝,肥饶若脂,恒常可见。黄膘乃上有黑色麻点,恒常可见。或斑驳如松皮之鳞片(状如虫蛾。或黄色光泽,厚疑如州志云:石头治时,肤如松皮,有鳞蜡之状)。尝可见,曰黄松脂。治其石为砚,视为洮膘砚。此为洮人共析欣赏,故向洮膘砚之砚石之玫美者,故向有黄膘绿砚之称。"　2. "崖石之文理佳者,如薄云散开、飘缈天际。或花纹微细,隐约浮出。或有水波莹回,似川流一脉。或色色沉绿,通体纯洁无痕,金星点缀。凡润可观,或水气浮津,金星点缀。此嫩如膏,按之温软而不滑津。绿颜如茵,此数类,皆津润消洁。绿色之盛至,贮水犹不耗,发墨底平而细腻,墨沉所积,拨之随手脱落。"	1. "(自未代已采其石,石之青标,多在各他山之匡上。故见无咎有洮之匡上。故见无咎有洮之匡铭。)"　2. "据达窝土民言:'今屡次打石,无论新坑旧窟,皆找不出佳石。佳石渐将竭矣。'"

续表

产地与石名	位置及当时的状况	采取	石品	纹色	备注
喇嘛崖新窟 紫石（红石）	1. "从老窟北行，转小湾，约三四十步，有新窟两处。" 2. "从旧窟北上，行三十余步有紫石露出地面，今人或言不知，尚未经凿发耳。洮人称紫石为红石。"（笔者按：韩氏所描述，应该均为红边紫石）	"取石未久，洞亦不广。洞前崖边，平置紫石两大条，饶可为制砚用材。"	"紫石细腻，较绿石软滑，尚有前人弃置之紫石，道旁砾砾皆是，拾之即见其滑腻也。"	"其色淡者，如桦木皮，色深者，若银红鸽子。又与贺兰紫色石色相似。"	1. "早年旧窟外沿，偶出紫石一块，今并取竭。" 2. "言洮砚者知其为绿石，而不知其有紫石也。"
洮州新城东门外 红崖山石（洮人也曰红石）		"明洪武年，劈此山筑新洮城。今洮崖山石工用此红崖山石者，磋磨砚坯之雏型。"			
水泉湾 水泉湾石	"距喇嘛崖约二里，有山名水泉湾。"	"山势斩巇，高可攀，冬季皆水，春夏方能取其石。"	"水泉湾石，虽其石较雄于喇嘛崖，然润丽之质，亦颇有不减于崖石者，亦上品也。"	1. "亦产绿石，佳者秀嫩不亚崖石，具有白膘，为他山之石所无。" 2. "水泉湾砚石有带白膘者，亦颇美观。"	"青龙山，水泉山，水城右边相距远近不同，然与诸山所出之石，大致脉路悠通，故诸山所出之石，颇有所似，今洮城坊市中所售之洮砚，率多哈古，纳儿，青龙山劣石制成，不善者熟视，乍视则膺鼎，沽则赝认，甚有贬于洮砚之声矣。"

续表

产地与石名	位置及当时的状况	采取	石品	纹色	备注
纳儿石（又名新山石，又名水城右边石）			1. "间有佳品，略与崖石仿佛。" 2. "水城右边之石，有莹缴可爱者，有坚粗枯燥者，有遍满黑类者，有色如砖灰者，中下品也。"	"有绿紫二色，其色绿者，石性坚粗，而多斑类。"	
哈古族石			"较青龙山所产者稍佳。"	"其石青白色。"	"哈古及青龙山石，亦灵秀之脉，然石质粗糙，多有斑玷，色绿而不洁，终嫌鲜润理，石之下品矣。有乡人故将劣石染作绿色，伪以取胜于人者，购者或未辨识，便以其赝误为真矣。"
青龙山石（青龙山又名青龙岭山）			"其石粗燥如砖玷，且多斑玷，则又下于哈古之石矣。"		
古儿站石	"古儿站在旧城西南十里，其石摩之光细，向作砥硎用。"	"因其采取甚便，常有以之作砚者。"			
压马石（俗称本地山石）	"产于新城北门外瓦里堡之党家沟。数年前本地小学校生，皆用此石作砚。"	"今洮州砚工取此石，作上光面使用。上光面者，为劘切硎环过程中，(坯)，即半经铲成之砚坯子）。由粗磨已成，而更以此石再加细工磨之使其光泽耳。"	"质粗性硬，故发墨迅厉。"	"有蓝色者为佳，紫红色者次之。"	

资料来源：《甘肃洮砚志》"石窟""石品""纹色"三节中摘录。凡在两处说同一问题者，也都分1、2条引用。

表1-2 郝氏洮河砚石等级分志

等级	特等	一等	一等	二等	二等	三等
	上上	上中	上中	中平	中平	中下
坑历	老坑（宋）	旧坑（明）	旧坑	旧坑	新坑	新坑
坑名	喇嘛崖	水泉岩	碣仔岩	滨上岩	扎甘岩	大谷岩
效能	下墨快，发墨生光贮墨经久不干，虽暑季又不发酵，又不损笔	下墨细，贮墨经久不干，暑季又不发酵，又不损笔	下墨快，贮墨经久不干，暑季又不发酵，又不损笔	下墨细，贮墨经久不干，不发酵	下墨细，渗墨慢	下墨细，渗墨慢
色质	绿如兰，润如玉，呵之出水珠，古称鸭头绿	深绿，古称鹦哥绿，细润	玫瑰红，古称鹧鸪血，坚润	墨色，古称"玄璞"，坚韧	绿色，古称柳叶青，较硬	淡绿色，较燥
纹理	涟漪、云纹		水波纹			
特征	黄膘、金星、冰雪斑、游丝纹	黄膘、渞墨点		朱砂点		

资料来源：郝进贤《洮河绿石砚》，《甘肃工艺美术》1981年创刊号。

一 洮砚石的内在品质

具体而言，洮砚石材的内在品质有三。

一是结构紧密，硬度适中，发墨、利笔兼得。苏轼所谓"琢而泓，坚密泽"，"弃予剑，参笔墨"[1]，晁补之所谓"洮鸭绿石如坚铜"[2]，钱谦益所谓"洮河之研玉比坚"[3]者，均是言此。

二是细腻莹润，滴水不渗，倾墨不干。蔡襄曾有《洮河石砚铭》，说洮砚"甚可爱，兼能下墨，隔宿洗之亦不留墨痕，其肌理细

---

[1] （宋）苏轼：《鲁直所惠洮河石砚铭》，见《苏文忠公全集》东坡续集卷十，明成化本，第1268页。

[2] （宋）晁补之：《赠戴嗣良歌》，见《济北晁先生鸡肋集》卷十，四部丛刊景明本，第44页。

[3] （清）钱谦益：《洮河石砚歌为刘君作兼呈宋中丞》，见《牧斋初学集》卷十二霖雨诗集，四部丛刊景明崇祯本，第95页。

腻莹润，不在端溪中洞石下"[1]。（明）谢肇淛《五杂俎》说："洮河绿石，贞润坚致，其价在端上。"[2]（清）叶方蔼《梁水部赠洮河石研歌》说："梁生诒吾古石砚，肌理细腻格端正。滑于十五好女肤，光如一片青铜镜。问知此砚产洮河，摩挲百遍感激多。"[3]另有《洮砚铭为陆友仁作》云："云生洮中化完玉，肤理缜润色正绿。"[4]民国时期也有人说洮砚"终日水还在，隔宿墨犹活"[5]。

三是音如磬声。韩军一先生曾说，"洮石品上者，扣之有清越铿亮，玉振之声。着水磨墨，相恋不舍，但觉细腻，不闻磨声"[6]，并以此作为鉴别洮砚真伪的方法之一。

二　洮砚石的外在品相

洮砚的外在品相亦有三。

一是石色。洮砚石色泽雅丽，主要有绿、紫、红、黄四个色系，并以绿色著称。

二是石纹。石纹即显现在石体间的各种自然纹路。洮砚自古就被冠以"绿漪石"的美称，其中之"漪"者，水波纹也。可见古人早已被洮石纹理所打动。

三是石膘。石膘是夹杂在石料矿体中的侵入物，与石料并非同时形成。故而石质松散，色泽也与石料有明显区别。古代文献常言"石标"，取石表标记之意。而当地则俗称"石膘"，以动物体内脂肪喻

---

① （清）胡敬：《胡氏书画考三种》西清札记卷一，清嘉庆刻本，第86页。

② （明）谢肇淛：《五杂俎》卷十二，明万历四十四年（1616）潘膺祉如韦馆刻本，第199页。

③ （清）叶方蔼：《梁水部赠洮河石研歌》，见《读书斋偶存稿》卷三，清文渊阁四库全书本，第47页。

④ （元）虞集：《道园学古录》卷四，四部丛刊景明景泰翻元小字本，第54页。

⑤ 陈宝全：《甘肃的一角》，《西北论衡》第9卷第6期，民国三十年（1941）6月15日。

⑥ 韩军一：《甘肃洮砚志·音声》，民国二十六年（1937）手稿，未出版。

之，可谓形象而贴切，并以"膘"论等差优劣。

　　洮砚品相中，无论石色，还是石纹、石膘，都极为丰富，且变化微妙，有些罕见的色膘纹理需机缘才得见。故选要者设三表，以观其概（表1–3、表1–4、表1–5）。

表1–3　　　　　　　　　　　石　色

名称		基本描述	历代评述	图例
绿	鸭头绿	绿中泛蓝，色如鸭头绿羽，石质细嫩，产于喇嘛崖下层石料矿的宋代老坑中，是洮石中的珍品	1.（北宋）赵希鹄《洞天清录集》说洮河绿石"绿如蓝"①。（《孙宇台集》说："昔人品砚者谓洮河绿石色'绿如蓝，润如玉'，吾尝疑蓝与绿不类而曷谓之'如蓝'，正以绿之不可名言处有似蓝耳。"②）2. 晁补之《赠戴嗣良》："洮鸭绿石如坚铜。"③ 3. 黄庭坚《刘晦叔许洮河绿石研》："久闻岷石鸭头绿。"④ 4. 晁无咎《初与文潜入馆鲁直贻诗并茶砚次韵》："洮河石贵双赵璧，汉水鸭头如此色。"⑤《以洮砚易贾彦德所藏端砚因以铭之》："洮之崖，端之谷，匪山石，唯水玉。不可得兼，一可足温。然可爱，目鸲鹆，何以易之，鸭头绿。"⑥ 5.（清）吴士玉《松花绿石砚歌》："松花江水鸭头绿，宝气熊熊学绿玉。"⑦	

---

　　① （宋）赵希鹄：《洞天清录》，清海山仙馆丛书本，第7页。

　　② （清）孙治：《孙宇台集》卷四十，清康熙二十三年（1684）孙孝桢刻本，第360页。

　　③ （宋）晁补之：《赠戴嗣良歌》，见《济北晁先生鸡肋集》卷十，四部丛刊景明本，第44页。

　　④ （宋）黄庭坚：《刘晦叔许洮河绿石研》，见《豫章黄先生文集》第五，四部丛刊景宋乾道刊本，第32页。

　　⑤ （宋）晁补之：《初与文潜入馆鲁直贻诗并茶砚次韵》，见《济北晁先生鸡肋集》卷十二，四部丛刊景明本，第56页。

　　⑥ （宋）晁补之：《以洮砚易贾彦德所藏端砚因以铭之》，见《济北晁先生鸡肋集》卷三十二，四部丛刊景明本，第162页。

　　⑦ 转自祁殿臣编著《艺斋瑰宝洮砚》，甘肃民族出版社1992年版，第184页。

续表

名称		基本描述	历代评述	图例
绿	鹦哥绿	又称"辉绿"，比"鸭头绿"鲜亮，绿色纯度高。石质纯净，石性温润，为洮石中的上品	1.（金）冯延登《洮石砚》："鹦鹉洲前抱石归，琢来犹自带清辉。芸窗尽日无人到，坐看元云吐翠微。"① 2.（清）朱舜尊《松花江石砚铭》："东北之美珣玗琪，绿如陇右鹦鹉衣。"② 3.（清）吴镇《在马衔山玉篇》："初见洮水之砚石，鸲鹆斑点鹦鹉绿。"③ 4.民国邑人诗："鹦哥佳色自洮来，压倒端溪生面开。"④	
	柳叶青	色似柳叶，绿中泛白，又称"淡绿"。石质细嫩纯净，少杂质，通体一色，产于水泉湾底部的泉水洞中，含量稀少，是洮砚石料中的珍品	1.（清）姚际恒《好古堂家藏书画记》："予前后收藏共十有三砚，售去其一。今存十有二。凡端八、歙三、洮河一。……其一极小，长二寸，阔寸半，池作三圆，甚精，洮河石砚，淡绿色。"⑤	

———————

① （金）冯延登：《洮石砚》，见《全金诗》卷二十九，清文渊阁四库全书本，第325页。

② （清）朱舜尊：《松花江石砚铭》，见《曝书亭集》卷六十一，四部丛刊景清康熙本，第583页。

③ 转自祁殿臣编著《艺斋瑰宝洮砚》，甘肃民族出版社1992年版，第183页。

④ 陈宝全：《甘肃的一角》，《西北论衡》第9卷第6期，民国三十年（1941）6月15日。

⑤ （清）姚际恒：《好古堂家藏书画记》卷下"附记杂物"。

名称		基本描述	历代评述	图例
绿	墨绿	古称"玄璞"，石色通体晶莹如墨，黑中透绿。该料因含断瑕、硬筋等杂质而影响雕琢、发墨。故为洮石中的中、下品，但因其色泽晶莹如玉，深受收藏家们的宠爱		
紫	紫石	石色淡紫，肌理细密，硬度适中，少杂质，便于雕琢。历来被统称为洮河紫石	米芾《砚史》说洮砚中"有紫石，甚奇妙，……赤紫石色玫瑰，为砚发墨过于绿者"①。	
红	羊肝红	色如羊肝而稍显血红，俗称"鹦鹉血"。因其色如鹦鹉水鸟项上血色斑纹而名。该色石料贮量极少，曾一度产于喇嘛崖宋坑右侧，但原采石洞窟现已埋没不知去向。为洮石中的上品	金代元好问《赋泽人郭唐臣所藏山谷洮石砚》："旧闻鹦鹉曾化石，不数鸲鹆能莹刀。"②	

① （宋）米芾：《通远军觅石砚》，见《砚史》，宋百川学海本，第2页。

② （金）元好问：《赋泽人郭唐臣所藏山谷洮石砚》，见《元遗山诗集笺注》卷四，清道光二年（1822）南浔瑞松堂蒋氏刻本，第82页。

续表

名称		基本描述	历代评述	图例
黄	瓜皮黄	黄绿相间，似瓜皮色，故名。产于喇嘛崖东，亦称"喇嘛崖东坑黄石"。因其前行上山即是水泉湾，也有以"水泉湾黄石"相称者	1.（明）李日华《六砚斋三笔》："洮河石三种：黄、白、碧，皆浅淡有韵。"① 2.（明）周瑛《翠渠摘稿》："王节判赠予以洮石，予谓砚谱洮石色绿，此色黄，如何？王曰：'固洮石也'。因治为砚而制之铭曰：'维洮含英，维奎降精，色幻黄绿，五行攸属，不驳而淳，不燥而温，敦之琢之'。"② 3.（明）陆深《俨山外集》曰洮砚"色有深浅，体有老嫩，猿头斑、瓜皮黄、蚕子纹者为佳，雪花无景者不足贵"③。	
	虎皮黄	黄色为主，间有条状纹理排列，貌似虎皮。产于喇嘛崖东，亦称"喇嘛崖东坑黄石"		

表1-4　　　　　　　　　石　纹

名称	基本描述	历代评述	图例
水波纹	是洮砚石料中的代表型石纹，有细纹和粗纹之分。水波纹型石料石质细嫩滑润	1.（南宋）陆游《剑南诗稿》有"风漪奇石"之说。2.黄庭坚《以团茶、洮河绿石砚赠无咎、文潜》有"洮河绿石含风漪"④之句。3.《烟云过眼录》载《赵孟頫乙未自燕回所收》，其中洮石砚名曰"绿漪"⑤。4.当代赵朴初有"风漪分得洮州绿"⑥之句。	

---

① （明）李日华：《六砚斋三笔》卷三，清文渊阁四库全书本，第43页。

② （明）周瑛：《翠渠摘稿》卷四，清文渊阁四库全书补配清文津阁四库全书本，第53页。

③ （明）陆深：《俨山外集》卷十六，清文渊阁四库全书本，第66页。

④ （宋）黄庭坚：《以团茶、洮河绿石砚赠无咎、文潜》，见《山谷内集诗注》内集第六，清文渊阁四库全书本，第86页。

⑤ （宋）周密：《云烟过眼录》卷三，民国景明宝颜堂秘笈本，第21页。

⑥ 转自祁殿臣编著《艺斋瑰宝洮砚》，甘肃民族出版社1992年版，第222页。

名称	基本描述	历代评述	图例
云气纹	以块状、云朵状、团絮状等自然纹理无规律排列的纹理	韩军一《甘肃洮砚志》："崖石之文理佳者，如薄云散开，缥缈天际。或花纹微细，隐约浮出。"[①]	
湔墨点	石纹呈斑点状，似喷洒之墨点。俗称"墨溅石"或"墨点石"	（北宋）米芾《砚史》："通远军觅石砚，石理涩可砺刃，绿色如朝衣，深者亦可爱。久则水波纹间有黑小点，土人谓之'湔墨点'。"[②]	
紫睛石	紫色砚石中似"眼"一样的石纹。又称"眼石""眼纹"		
鹊桥纹	形状不规则，类似鸟鹊聚集之状的石纹		
金星点	又称"铜钉"，是一种夹杂在石料中自然铜矿。金星点本是砚石之病，然有铜钉者却都是产于喇嘛崖宋明清各代窟中的优良砚石，所以它又成为喇嘛崖砚材的标志。优良的砚工往往可以巧用铜钉，化腐朽为神奇，所以在此一提	韩军一《甘肃洮砚志》："或水气浮津，金星点缀，石嫩如膏，按之温软而不滑者。"[③]	

---

① 韩军一：《甘肃洮砚志·纹色》，民国二十六年（1937）手稿，未出版。

② （宋）米芾：《通远军觅石砚》，见《砚史》，宋百川学海本，第2页。

③ 韩军一：《甘肃洮砚志·纹色》，民国二十六年（1937）手稿，未出版。

表1-5 石 膘

名称	基本描述	历代评述	图例
油脂膘	形如脂膏凝成，表面油腻光滑。有金黄、浅黄、奶油、纯白等色。以黄白二色为代表		
松皮膘	状如松皮，呈与石料纹理走向相平行的片理构造。以黄色为代表色	1.民国邑人："洮砚质如何？黄膘带绿波。"[①] 2.清代乾隆："临洮绿石，有黄其标。似松花玉，珍以年逢。"[②]	
鱼鳞膘	形如鱼鳞，呈定向斜面交错的片理构造。有白、淡黄、肉红等色		
鱼卵膘	形如鱼卵，色如蜂蜡、蒸粟，呈鲕状结构凝结胶著于石料表面。呈金黄、米黄、土黄、乳白等色		
脂玉膘	形如羊脂玉，呈花岗变晶结构，由颗粒大致相等、镶嵌紧密的粒状物组成。色纯白如玉，呈珍珠光泽		
蛇皮膘	亦称"墨溅霞膘"。霞如墨溅附于石表，底色多为紫、土黄、桔红、青灰不等，以土黄为主		

---

① 陈宝全：《甘肃的一角》，《西北论衡》第9卷第6期，民国三十年（1941）6月15日。

② （清）于敏中：《西清砚谱》卷二十一，清文渊阁四库全书本，第86页。

上述表明，洮河石无论从内在品质还是外在品相，均堪为最佳砚材，因之为历代文人所宝。而表中所列文献进一步说明，古代文人品评洮砚，也正是看重其石品。也就说，洮石发墨快、不损毫的内在品质，与绿如蓝、润如玉，黄膘绿波相参的外在品相才是使他们倾心的主要因素，也是洮砚可与其他名砚比肩的主要原因。

第二节　洮砚的设备与工具

《论语·卫灵公》云："工欲善其事，必先利其器。"即是说，工匠要做好自己的工作，必先完善其工具。洮砚的声名不仅有赖于天然的良材，还得助于代代相传的雕刻技艺。而精湛的技艺，又离不开称心的设备与工具。从洮砚的发展来看，其设备和工具从原始的自制形态发展到现在的大型电子器械，可以说经历了几次飞跃。[①] 概括起来，主要可分为几大类。

一　工作台

洮砚雕刻的工作台，一般都是一张普通的桌子。另外，由于洮砚制作中经常会用肩膀顶着刀把来铲砚石。所以，砚工们发明了一种"前挡后挂"的工作台板，当地人惯称其为"兜板子"。根据所需，分有两种（图1-4）。第一种是在一块小的工作台板正面的前端钉上一根木条，以挡住方形坯料，在背面后端再钉一根木条，挂在桌子边上，不使木板往前移动。第二种与第一种原理一样，所不同的是在工作台板正面的前端钉的是两根交叉的木条，用以挡住圆形坯料。这种工具轻巧便捷，使用时置于桌上，不用时可以拿掉，很是方便。

---

① 由于洮砚的出土实物很少，且很难找到关于其制作工具的古代记载。所以，以下所说洮砚的制作工具主要以新中国成立至今为时段。

图1-4　两种不同的"兜板子"

二　切割类

切割是由石材到砚的首要环节，不论什么样的砚石，要制作一方具有实用价值和观赏价值的砚，就少不了切割和整形。新中国成立前后，卓尼一带砚工曾用铲刀充当切割工具。基本操作方法是用肩膀顶住铲刀把，一刀一刀地铲，直到把砚石截成两段或所需的造型。当地砚工们也常将这种特殊的切割方式称为"截石头"，把这种铲刀叫"扛刀"。这种原始的切割石料的方法，非常吃力，但也有利于基本功的训练。当时的学徒一开始都需要花去一年多的时间来充当截坯工，也叫出坯工。所以，他们中间多数砚工都具有扎实的刀功。后来，砚工们尝试用木工所用的锯条来切割洮砚石，但并不理想。20世纪80年代前后，钢锯条的引入大大改进了洮砚石的切割技术。砚工们将砚石或砚坯牢牢地捆绑在柱子与一块木板中间，沿所画砚坯边线锯下来（图1-5）。这一工作可一人完成，也可两人合作完成。拉锯要讲求技巧，尤其是两人配合时更是如此。比如手握钢锯架要紧，心不能急，手不能弱，不能用力过猛，要坐直对端，一分为二地拉，稍有马虎，锯条就会断裂。若是遇到较厚的砚石，钢锯条来回拉动的距离只有十几厘米，更需要全神贯注。所以，当地砚工流传一句话："拉锯吃粉，不能心狠。"随着时代的发展，角磨机逐渐替代了钢锯条，成为洮砚制作中切割与打磨石料的主要工具。角磨机规格大小不一（图1-6），可根据需要在机头上安装切割片。需要说明的是，用角磨机切割时，不能拐死弯，也不宜用力过大，否则一

19

图1-5　用钢锯条锯砚石的方法

图1-6　各种型号的角磨机

图1-7　横向切割机

图1-8　圆筒形切割机

旦被砚石卡住，就会造成锯片碎裂飞溅，或者机器弹开失控，轻则损坏砚石，重则伤人。但由于角磨机轻巧便捷，所以在洮砚制作中被长期使用，直到现在，仍是砚工们常用的切割工具之一。另外，在长期的使用和探索过程中，砚工们还利用玉雕机、电机、台钻等器械的机身，不断设计、改装、组装出一些适合自己、适合不同需求的切割机。比如，在电机上组装锯片并设计可以前后推拉移动的载石平台；或者在台钻上安装切割片改装而成的横向切割机（图1-7）；或者安装套筒，用以切割圆形砚坯的圆筒形切割机（图1-8）；或按照需要组装的纵向切割机（图1-9）等。从使用情况来看，不论是横向切割机，还是纵向切割机，但凡安装了大齿轮锯片，

图1-9　纵向切割机

都会出现锯口摆动较大的情况。所以，除了切割大块石料外，一般都使用直径较小的锯片。因为它不仅适合切割小型石头，而且因锯口小而摆动小，稳定性高。还有，横向切割机在做带盖砚时能够平稳地裁切石料，分离砚盖与砚身，使合口工艺更为顺利。纵向切割机又是下料的好帮手，它能够完成比较精确的切割任务。圆筒形切割机装有直径长短不一的套筒，在轴的带动下快速旋转并向下施加压力，可以直接切割不同规格的圆形砚坯。值得一提的是，不论是哪种工具和设备，如果是干切割，则既不利于锯片的保养，也不利于人的健康。因为持续摩擦产生的高温会缩短锯片的寿命，扬起的石粉更是对人体伤害很大。所以，切割时要用水不停地冲刷锯片，并注意冷却水一定要加在切口处，既延长锯片的使用寿命，又能减少粉尘的扬起。

三　绘图类

按照洮砚的制作步骤，砚坯做好后，需要根据设计思路，在坯上划直线、弧线、圆以及其他装饰图案。在这一过程中，经常会用到的工具有以下几种。

（一）尺子

直尺，主要用于裁砚坯，方砚角。靠尺，用于刻画均匀的线条，主要用于合口，开砚池（图1-10）。定水平面高低时也可使用。若合口时，砚坯不方正，则砚身与砚盖在倒顺不一致的情况下无法合拢。

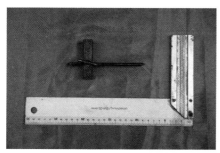

图1-10　左：直尺与靠尺　右：靠尺的使用方法

（二）笔墨

有铅笔、记号笔和毛笔，主要是毛笔中的勾线笔。因为洮砚的制作中，每次雕刻都会将绘制好的墨线刻掉。所以，根据需要，应及时补绘关键的线条、形象或图案。

（三）复写纸

有些图案需要正反面使用并需要在砚面上如实反映原图设计稿时，可借助复写纸来完成画稿上石的步骤。

（四）圆规

洮砚制作中所用的圆规与普通圆规不同，它带有焊接的合金刀头，既可以在砚石上轻松留下痕迹，又结实耐用（图1-11）。

图1-11　圆规及使用方法

四　铲削类

铲削类工具主要指在洮砚制作中用以完成铲、削、刮等任务的工具，其中以铲刀最具代表性，也最为重要。对于洮砚制作中的铲刀，祁殿臣先生有过详细的描述（图1-12）。

图1-12 各种规格的铲刀

铲刀有直刃、圆刃、月牙刃、凸刃、凹刃；有平铲、斜铲、长铲、短铲、镰刀铲等。铲刀分铲刃和铲柄两部分。铲柄后部有垫以绒布之类的球形托，球形托与柄杆用一小型轴承接合，可左右转动。铲柄的作用是使用时将球托抵在肩窝辅助用力。每个铲柄与铲刃接合部都可自由开合，用一个铁环固定，可以调换使用不同的铲刃。平铲可以用来平整砚底、堂底、盖面、盖里、砚边等面积较大的平面；斜铲用来修整堂壁、盖边及图案中的倾斜部位；镰刀铲可修整镂空后直刀无法进入的部位。

铲刀主要用于下体，做雏形时，讲求手握刀柄要稳，其稳定性主要在大拇指上。

五 敲凿类

敲凿是洮砚制作中的技法之一，凿子一般有圆凿和平凿之分，由白钢锻打而成，也有合金的。锤子是用来敲击凿子、刀子的工具，有金属和木制两种。用合金制成的凿子刃部比较脆，在铁锤用力锤击时刀头就会崩裂，也就是洮砚人说的容易"打刃口"，也容易伤着手。

而用质地细密而坚硬的木锤或木棒来敲击，或制作带有木柄的凿子，都会减轻震动，保护刀头，也减少了安全隐患（图1-13）。

图1-13　凿子与锤子

六　雕刻类

雕刻是洮砚制作中的关键步骤，也是体现洮砚工艺的主要环节。所以，雕刻工具的好坏，直接关系着砚工技术的发挥和洮砚最终效果的呈现。据老一代砚工讲述，20世纪60年代前后，父辈们就通过烧糟碳、炒毛铁、捶打等工序制作刻刀。关于毛铁，明代宋应星《天工开物·锤锻》第十卷冶铁篇中说"凡出炉熟铁，名曰毛铁"。由于毛铁是刚出炉尚未锤锻的、松散状的熟铁，不能直接利用。所以，需要经过一个锻打的炒铁过程，使其形成块状的铁料之后，才能成为生产器具的原料。一般把毛铁的炒铁过程叫做炒毛铁。炒毛铁是古代利用生铁生产熟铁的主要方法，大约产生于西汉后期，是我国钢铁冶炼技术的一个飞跃。[①]至于冶铁所需燃料，《天工开物·锤锻》第十卷冶铁篇亦有记载说："凡山林无煤之处，锻工先择坚硬条木烧成火墨（俗

----

①　张希忠：《从〈天工开物〉谈古代的废旧金属的回收利用》，《有色金属再生与利用》2003年第5期。

名火矢，扬烧不闭穴火）。其炎更烈于煤。"这里所说选用坚硬的木条烧成坚炭，与烧糟碳实为一事。可见，老一代砚工打制刀具完全采用的是古老的传统打铁工艺。20世纪七八十年代，砚工们又多用黑皮钢来打制刻刀。黑皮钢又称免酸洗汽车大梁用钢，通常用于制作卡车大梁，洮砚人又多称其为土钢。进入90年代，白钢、合金逐渐成为洮砚雕刻工具的主要制作材料。白钢为高速钢的俗称，是一种具有高硬度、高耐磨性和高耐热性的工具钢。其工艺性能、强度、韧性，都适合制造刃薄和耐冲击的刀具。合金"是一种金属与另一种或几种金属或非金属经过混合熔化，冷却凝固后得到的具有金属性质的固体产物"[1]，具有硬度大、耐热性好、抗腐蚀等优点（图1-14）。在当时要制作一把合金刀具，一般需要将一根钢棍烧红砸扁后，用斧头从中间砍一豁口，再把合金刀头加进去，用铜丝缠上，然后放入硼砂在火里烧，根据经验判断铜在火里融化，铜液完全注入刀头与刀杆衔接的

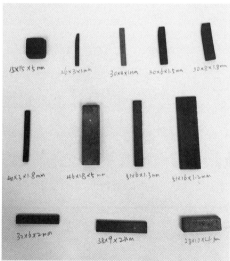

图1-14　各种型号的合金刀头

---

① 吴永仁主编：《中国中学教学百科全书·化学卷》，沈阳出版社1990年版，第121—122页。

缝隙之后即可取出。最后把冷却了的刀头在砂轮机上打磨出刃口，在油石上磨锋利就可以使用了。后来，随着氧焊的普及，一把合金焊刀在很短的时间里就可以完成。由于合金焊刀经济实惠，硬度适宜，所以，在多年的检验中，为大多洮砚雕刻者所认可，并成为一类最常用的刻刀。当然，不同的雕刻者对刻刀有着不同的需求。目前，除了合金焊刀外，还有一种进口的合金钢，无需焊接刀头，买来后直接磨刃便可使用，但型号比较单一，不及合金焊刀丰富。

从组成与外形来看，传统的洮砚手工雕刻刀具主要有有柄与无柄两大类，有柄的刻刀一般由刀头、刀杆和木柄三部分组成。不管什么形状的刀头，刀杆都不长，并被固定在各式的木柄之中（图1-15）。无柄的刻刀刀杆一般都比较长，并在一头或两头开刃。为了操作方便，砚工们多在刀杆的中间缠绕布条或塑料胶布，以保持手执刻刀时的舒适度（图1-16）。实际上，在无柄的洮砚刻刀中，有时还辅助用一块约6×1.5×1.5厘米的小木块，两头钻有几个小孔，使用时将刀杆从

图1-15　有柄的刻刀

图1-16　无柄的刻刀

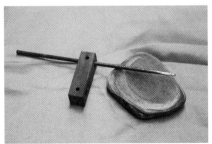

图1-17　刀卡及使用方法

任意一个小孔穿过，利用刀杆与穿孔之间的斜角将刀卡住，并稳稳地握在手中。这种工具端砚使用较多，俗称"凿卡""刀卡"。[①]（图1-17）刀卡主要是初学者用，类似于篆刻初学时用印床。使用时只能手腕与刀一起转动。

　　从刀口的形状和实际用途来看，刻刀主要有平口刀、斜口刀、圆口刀、尖头刀和异形刀；从开口的情况看，主要有一面开口的单面刻刀和两面开口的双面刻刀，在洮砚雕刻中经常使用的是双面刻刀，也就是正反两面都能使用；从刀口的角度来讲，一般在20度左右，比较平坦，便于使用为宜；从用途与功能来看，平口刀一般要求口平，两面出锋，雕刻时可用刃角入石，而后推动刻刀，用冲刀法流畅的刻出不同宽度的线条，也可以切、铲。平口刀两面出锋的横切面呈等腰三角形，只有这样，两个刃角才可以交替使用，向里向外或左右摆动都可运转自如。平口刀的刀口宽度2毫米至6毫米不等（图1-18），有特殊要求还可再窄些或再宽些，总之不宜太宽，因为刻大面积时刻刀用不上力而要用铲刀。磨双面平口刀时要前后推磨，不可前后摇摆，刀

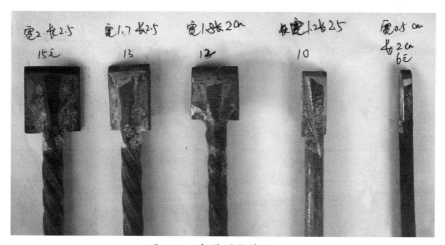

图1-18　各种型号的平口刀

①　李铁民编著：《砚雕艺术与制作》，上海书店出版社2004年版，第37页。

口斜面同油石面要贴平，要重推轻拉，保持刀杆角度不变，磨出的刀刃口才能平直，没有弧度。[①]平口刀功能比较齐全，所以，大多人下体时喜欢用平口刀。

斜口刀刻石，刃尖入石后，向前冲刻时刃尖会越陷越深，最后难于运进，也无法切、铲。但在洮砚雕刻中，斜口刀仍然比较重要。尤其是在雕刻细微之处，还有刮削时都有着重要的作用。

圆口刀视需要而制作，弧度有大有小，可以像平口刀那样冲、铲，且能刻出弧形凹槽，具有特殊的功能，常用于雕刻人物脸部、龙凤头部等。磨圆口刀时要平行推磨，同时不停地均速转动刀杆，使弧度匀称自然，刀口与刀侧不要有棱角，如有棱角则要磨圆。圆口刀中还有一种比较特殊的半圆刀，形状像斜尖刀，适合于雕刻荷花叶子、牡丹叶边、修整砚池等。

尖头刀刃如锥状，尖锐锋利，多用于雕刻人物须发、瞳目等细微之处。

异形刀是砚工们为了解决实际操作中一些难度较大，普通刻刀无法完成的雕刻问题而专门设计制作的刻刀。如月牙形、镰刀形、V字形、W形、筒形等（图1-19）。

随着科技的发展，吊磨机（图1-20）、雕磨机（图1-21）、电磨机（图1-22）、数控雕刻机（图1-23）、三维雕刻机等电动雕刻工具，先后被引入洮砚的雕刻与制作当中，在粗雕、下体、开池、雕刻等方面发挥了应有的作用，大大减少了人力的投入，已经成为现在洮砚雕刻中无法回避的主要工具。

需要说明的是，上述切割、铲削、敲凿、雕刻四类工具在用途上虽然各有侧重，但有时也可互相代替、借用或穿插使用、结合使用。

---

① 在采访洮砚砚工的基础上参考李铁民编著《砚雕艺术与制作》，上海书店出版社2004年版，第38页。

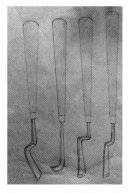

图1-19 洪绪龙绘制各
种异形刀

图1-20 各种型号的吊磨机

图1-21 雕磨机

图1-22 电磨机

图1-23 数控雕刻机

如前面曾提到，在最初没有切割工具的时候，铲刀也是切割工具。
刻刀与铲刀有时也难分你我，锤子既可以敲击凿子，也可以敲击刻
刀等。

七　钻孔类

在洮砚雕刻中，镂空是一种特殊的工艺，也是洮砚比较独特的一种工艺。所以，钻孔就是早期洮砚制作中常常要面对的问题。起初，制作洮砚的当地砚工们曾尝试使用木工用的扯钻（图1-24）。扯钻是纯手工制作的木质手拉钻，由钻头、钻身、手柄、弓及拉绳五部分组成，使用时将绳子绕在钻身固定的位置，前后拉动弓，利用绳子的自绕功能钻孔打眼。这种钻在使用中摆动较大，其钻头也很难在石头上发挥作用。后来又使用手压钻，也叫闪钻（图1-25）。这种钻的前身

图1-24　扯钻

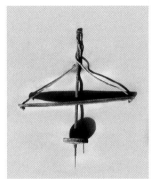

图1-25　闪钻

是原始的钻火杆和拉线钻。由飞轮、钻杆、压杆与拉绳四部分组成。飞轮一般由洮砚石或铅制成，固定安装在钻杆底端，压杆横穿在钻杆中段，两端与缠绕在钻杆顶端的拉绳相连。使用时用手上下压动压杆，飞轮旋转的惯性会自动把拉绳卷回去，如此往复，带动钻头进行打孔。钻头一般都是菱形的，尖部呈米字形。当时没有合金，所用的都是白钢。后来发展到手摇钻，比闪钻省力，大大提高了钻孔效率（图1-26）。手摇钻最后被新出现的电钻代替（图1-27）。现在，在洮砚制作中，钻孔类工具已经用得很少。一方面是因为大多数砚工都转向浅浮雕等其他的工艺，从事传统镂空、高浮雕洮砚制作的人越来越少，使得钻孔技术的使用率大大降低。另一方面是因为吊磨机、雕

图1-26　手摇钻

图1-27　电钻

磨机的出现，各式的磨头在一定程度上具备了钻孔镂空的功能。

八　打磨类

打磨是洮砚制作中最后的环节，也是让一方洮砚出彩的环节。打磨的成功与否直接决定着砚台最后的艺术效果、实用价值和观赏价值。从新中国成立以来洮砚打磨的情况来看，所使用的工具主要有以下几种。

（一）刷剪草

常用名有锉草、节节草、木贼草、擦桌草等。"刷剪草"是卓尼当地砚工的叫法。早在明代李时珍的《本草纲目》中就说："此草有节，面糙涩。治木骨者，用之磋擦则光净，犹云木之贼也。"另有一种问荆草："苗如木贼，节节相接，一名接续草。"通过与老一代砚工求证，洮砚当地把"锉草"和"问荆草"都叫"刷剪草"。其外形像刚出土的竹子，一节一节的，没有叶子，尖部像毛笔头，秋天收割，晾干存好备用。使用时用温水浸泡就可以恢复直挺，毛刺完全张开，用作家具部件表面打磨，尤其是对雕刻纹饰、线条的打磨。既保证了各部件的光滑、亮度，又不伤雕刻纹饰，是既天然又环保的打磨用料。据老一代洮砚艺人讲述，在本地，"刷剪草"原本是用来打磨木制家具和其他器皿的，后来用作打磨洮砚，算是一种创新。由于"刷剪草"打磨洮砚年代久远，对大多数砚工来讲，已经成为一种传说。

（二）红石

韩军一《甘肃洮砚志》说："洮州新城东门外红崖山石，洮人也曰红石。明洪武年，劈此石筑新洮城。今洮州砚工用此红崖山石面平光者，磋磨砚坯之雏型。"

（三）压马石

韩军一《甘肃洮砚志》说："压马石，俗称本山石，产于新城北门外五里之党家沟。……今洮州砚工取此石，作上光石使用。上光石者，为劙切砚坯过程中（坯，亦写为坏。即半经铲成之砚坯子），由粗磨已成，而更以此石再加细工磨之使其光泽耳。"[①]

（四）大宽铲和石粉末

20世纪五六十年代，砚工们将大宽铲磨锋利之后，轻轻地、慢慢地在刻好的砚上反复刮、削、铲，通过这种方式让砚表变得光洁。然后再用粗麻布粘上铲下来的洮砚石粉末磨擦，以此达到打磨洮砚的目的。

（五）河沙

除了用洮砚石粉末打磨之外，早期砚工们还用河沿的沙子，或水里淘出来的沙子洗干净后放在玻璃板或铁板上，用来打磨砚底和平面。也有将沙子撒在雕刻好的砚面上，用刷子搓洗，达到打磨的目的。

（六）钢锯条

20世纪80年代，钢锯条的引入大大改进了洮砚石的切割技术。砚工们把用秃的钢锯条十个或二十个绑在一起，做成约5厘米厚的锉子，用来粗打磨砚坯周围的棱角（图1-28）。

（七）砂布、砂纸

砂布是目前洮砚打磨的主要工具之一。最早的砂布是棕刚玉砂

---

① 转自祁殿臣编著《艺斋瑰宝洮砚》，甘肃民族出版社1992年版，第205页。

布，使打磨效果得到很大的改变，但这种砂布不能用水磨。后来引入手撕的干湿两用、不同粒度的砂纸。比如德国勇士、鹰牌都是比较常用的洮砚打磨工具牌子，耐磨性较好，并且各种型号都很齐全。

水砂纸用于各部位的细磨，号越高砂纸越细，根据需要选用。也有卖的百叶轮砂纸，但不耐用。现在的砚工根据需要，多把不同规格的干湿两用的砂布缠在钢棍上，用胶水粘上，用在电磨机上打磨，取得了较好的效果。打磨浅浮雕最理想的还是用砂纸手工打磨，把砂纸折成各种角度或卷成纸卷，就可以打磨各个细节，并且不会把砚台磨坏。

（八）油石

最早选用碳化硅油石，180–400号均可（外表呈绿色，标号越大越细），有圆形、半圆形、三角形、长方形等多种规格的油石条。有时根据具体需要，也可以把油石条裁小，或在大油石上磨尖。适合打磨砚的边边角角、拐弯、还有镂空砚的一些死角部位，比较灵活。现在有韩国引进的金钟油石，虽然价格较高，但规格齐全，也比较细腻，打磨时不会划伤砚面，且经久耐用，是部分砚工喜欢的打磨工具（图1–29）。

图1-28　钢锯条做成的锉子

图1-29　各种油石

（九）金刚砂

洮砚的打磨中，曾一度用砂轮。但砂轮在打磨时有一定的局限性，一方面，砂轮本身在长期的打磨过程中自身会出现磨损。另一方面，由于砚工打磨时用力的习惯，很容易使砂轮日久变得一边厚一边薄。后来，洮砚砚工们用铁皮做成边框，内镶嵌约3—5厘米的钢板，钢板上撒上金刚砂，或者在钢板上镀一层金刚砂（图1-30）。以此来打磨砚坯、砚底等。这种新的打磨方式，既解决了砂轮中存在的问题，也避免了灰尘与金刚砂外散。尤其是对砚底的打磨，会使其具有磨砂效果，避免因过于光洁而导致磨墨时砚身打滑或打转。

图1-30　在钢板上撒金刚砂用来打磨　　　　　图1-31　磨片

（十）磨片、磨头

有鱼鳞片、抛光片，干磨、湿磨、干湿两用的磨片（图1-31）。磨片可以装到角磨机或台钻上使用，也可以拿到手中使用。（图1-32）洮砚砚工中曾有人改装一种打磨机，主要原理是上下各有两片圆形木垫或橡胶垫，打磨时先将需要打磨的砚台夹在垫片中间，固定好后，启动转盘，转盘带动砚体旋转，砚工手拿磨片，使磨片与砚体接触，达到打磨效果。这种打磨需要掌握力度，手底下的轻重都需要经验来掌握。主要功能是打磨圆形的砚台。

图1-32　手拿磨片打磨

如果砚台被夹得中心不正，则砚体在转盘快速旋转时会在离心力的作用下摔出去，也有一定的危险性。为了解决这一问题，有些砚工设计改造，让磨片转动，人手拿砚体接触磨片，达到打磨效果，这种打磨方式比较灵活，方形圆形都能适用。除磨片之外，还有各种磨头，既可以作为雕刻工具，也可以作为打磨工具（图1-33）。

　　总之，洮砚的制作工具在每一种类型中都有很多细微的区别，尤其是在现代化制砚时代，一些机械化的工具在品牌、型号等方面都有很多不同，而每个砚工根据自己的需要都会做出不同的选择。需要说明的是，前面对新

图1-33　各种规格的磨头

中国成立以来洮砚制作工具的介绍，充分说明了洮砚工具在六十余年里的发展变化轨迹。可以说，由原始落后的工具向先进便捷工具演进的背后，隐藏着手工操作与机械化生产之间的博弈，传统雕刻技法、理念与现代制砚观念、手法之间的转换以及在此之间砚工们思维的矛盾、斗争和改变。当然，还需一提的是，在洮砚制作工具的更新过程中，甘肃省工艺美术厂、姚氏公司以及20世纪80年代前后成立的多家砚雕厂在促进洮砚雕刻工具的改进方面起到了很大的作用，尤其是对洮砚乡制砚业从原始工具到先进工具的改进起了很大的作用。

　　现如今，洮砚的雕刻工具已经有了很大的改进，操作方式更加简单便捷，过去老艺人所需的手上功夫如铲坯、锯石、钻孔等技艺已经被电动工具所代替，所以，新一代砚雕艺人之间的较量已经不仅仅是工具和基本功，而是思维、智慧和设计理念。

第二章　洮砚的形制与装饰

第一节　洮砚形制的演变

由于缺乏文字记载与出土实物，有关洮砚的早期历史一直不甚明朗，其最初的形制究竟如何更是无从谈起。近年来，随着洮砚研究的不断深入，加之考古新发现以及部分民间收藏的公布，人们对洮砚的历史及形制逐渐有了新的认识，而这些新知的获得主要来自于以下几则材料。

第一，山那树扎遗址的研磨器。20世纪80年代，位于岷县茶埠镇洮河西岸的山那树扎遗址发现了两方研磨器。据相关资料描述，其中一方高6.8厘米，底径9厘米，形状上小下大，砚面凹陷。另一方"长11厘米，宽8.3厘米，厚4厘米，呈不规则形状，两面开池，正面池呈圆形，直径6厘米，深1.5厘米，有明显的使用痕迹，并有橙黄色颜料附着。背面臼池已破损，残部也有研磨痕迹"①。山那树扎遗址以马家窑文化为主，兼有石岭下、庙底沟、齐家、寺洼等多种文化类型。这两方研磨器的发现，不仅说明洮河流域新石器时代使用研磨器的情况，而且在器型上与陕西临潼姜寨遗址仰韶文化初期墓葬中出土的石制研磨器基本一致。

---

① 包孝祖、季绪才编著：《中国洮砚》，甘肃文化出版社 2014 年版，第 14 页。

第二，安徽六安发现的长方形砚板。20世纪90年代，安徽六安市附近曾出土一方长15.3厘米，宽5.3厘米，厚约0.4厘米的长方形砚板。据专家鉴定，此砚板自然风化严重，制作规整，四角呈90度，确系洮河砚材所做的汉代之物。①众所周知，有汉一代，砚的形制已经呈多样化的趋势，其外形主要有圆饼形砚、长方形石黛板砚和圆形带盖三足砚。②从形制来看，此砚板可谓典型的长方形石黛板砚。

第三，唐代箕斗型洮砚现身沪上。有关洮砚的最早记述，学界长期认为始于唐代。因为唐代大书法家柳公权曾有《砚论》说："蓄砚以青州红丝石为第一，绛州次之。后重端、歙、临洮，及好事者用未央宫铜雀台瓦，然皆不及端，而歙次之。"但若仔细考察，这段文字最早出现的文献并非柳公权本人的论著，也并非唐宋与柳公权时代相近的著作。③而是明代王世贞的《宛委余编》。后来又被清代吴兰修《端溪砚史》转引。总之，对于唐代的洮砚，人们一直处于一种遐想状态。2002年12月6日，《甘肃日报》发表了一篇题为《唐代箕斗型洮砚现身沪上，洮砚历史有望改写》的文章，其中介绍了一方长16.7厘米，宽7—11厘米，高约2厘米，一头高，一头低，一头宽，一头

---

① 安庆丰：《中国名砚洮砚》，湖南美术出版社2010年版，第25页。

② 有关汉代砚的形制，在石明秀的《考古所见先秦两汉古砚漫谈》（《寻根》2010年第5期），高蒙河的《先秦的砚》（《中国文物报》2010年7月23日第6版）、《汉研与汉砚》（《中国文物报》2010年8月6日第6版）、《研和砚的谱系》（《中国文物报》2010年9月17日第6版），朱思红的《略述砚的产生及其形制的演变》（《文博》1992年第6期），郑珉中的《对两汉古砚的认识兼及误区的商榷》（《故宫博物院院刊》1998年第4期），刘彦佐的《考古出土的汉砚研究》（郑州大学2011年硕士学位论文）等文章中均有翔实的论述。

③ （宋）苏易简：《文房四谱》云："柳公权常论砚，言青州石为第一，绛州者次之，殊不言端溪石砚……"（宋）唐询：《砚录》云："唐柳公权蓄砚以青州为第一，言磨讫墨易冷，绛州之砚次之。"（五代后晋）刘昫等撰：《旧唐书·柳公权传》载："常评砚，以青州石末为第一，言墨易冷，绛州黑砚次之。"由宋欧阳修、宋祁撰的《新唐书》也未载此事。也就说，距柳公权时代较近的砚著，都没有谈到柳公权论洮砚之事。所以，蔡鸿茹先生在其《中华古砚100讲》中曾指出，关于柳公权论述洮砚之事，有待商榷。

窄，底有二矮足的箕形砚。此砚据安徽博物馆白观喜、文物鉴赏家蔡国声鉴定为唐代洮河砚。[1] 华慈祥先生在其《隋唐五代出土砚研究》中，将隋唐五代出土砚的主要砚形分为圆砚、箕形砚、方砚和特形砚四种，并指出隋唐五代时期以圆砚（辟雍砚）和箕形砚为主。[2] 张悦在其《唐宋时期砚台初步研究》中，将全国出土唐宋时期陶瓷砚以及石砚共二百八十二方，依据砚台自身造型差异分为八型，其中箕形五十一方，占18%。[3] 这都说明箕形砚在唐代的流行。而此砚的形制，正是唐代流行的样式。

上述三则材料虽然为我们认识洮砚早期的历史与形制有一定的帮助，但毕竟数量太少，难以充分，且还需要进一步考证。

到了宋代，砚的制作与研究达到前所未有的高峰，尤其是在端砚、歙砚领域，不仅出现了诸多权威的论著，而且对砚的形制做了详细的列举。最具代表性的有：

> 砚之形制，曰平底风字、曰有脚风字、曰垂裙风字、曰古样风字、曰凤池、曰四直、曰古样四直、曰双锦四直、曰合欢四直、曰箕样、曰斧样、曰瓜样、曰卵样、曰璧样、曰人面、曰莲、曰荷叶、曰仙桃、曰瓢样、曰鼎样、曰玉台、曰天妍（东坡尝得石，不加斧凿以为研，后人寻岩石自然平整者效之）、曰蟾样、曰龟样、曰曲水、曰钟样、曰圭样、曰笏样、曰梭样、曰琴样、曰鏊样、曰双鱼样、曰团样、曰八棱角柄秉砚、曰八棱秉砚、曰竹节秉砚、曰砚砖、曰砚板、曰房相样、曰琵琶样、曰月样、曰腰鼓、曰马蹄、曰月池、曰阮样、曰歙样、曰吕样、曰琴

<hr>

[1] 王如实另在《收藏家》2003年第1期发表《晚唐也有洮河砚》一文介绍该砚。

[2] 华慈祥：《隋唐五代出土砚研究》，《上海博物馆集刊》2008年。

[3] 张悦：《唐宋时期砚台初步研究》，硕士学位论文，吉林大学，2013年。

足风字、曰蓬莱样。

宣和初，御府降样，造形若风字，如凤池样，但平底耳，有四环刻海水鱼龙三神山，水池作昆仑状，左日右月，星斗罗列，以供太上皇书府之用。[①]

——（宋）叶樾《端溪砚谱》

凤池、玉堂、玉台、蓬莱、辟雍、院样、房相样、郎官样、天砚、风字、人面、圭、璧、斧、鼎、笏、瓢、曲水、八棱、四直、莲叶、蟾、马蹄。[②]

——（宋）高似孙《砚笺》

端样、舍人样、都官样、玉堂样、月样、方月样、龙眼样、圭样、方龙眼样、瓜样、方葫芦样、八角辟雍样、方辟雍样、马蹄样、新月样、鳌样、眉心样、石心样、瓢样、天池样、科斗样、银铤样、莲叶样、人面样、球头样、宝瓶样、笏头样、风字样、古钱样、外方里圆、筒砚样、蟾蜍样、辟雍样、方玉堂样、尹氏样、虾蟆样、犀牛样、鹦鹉样、琴样、龟样。

已上并择取样制古雅者绘之于图，余数名虽多种，状样都俗也，不取。[③]

——（宋）唐积《歙州砚谱》

砚之形制不一，古人有以蚌为之者，取其适用而已，旧有古端样，并世传晋右军将军王逸少端样皆外方内若峻坂，然使墨下

---

① （宋）叶樾：《端溪砚谱》，清学津讨原本，第3页。
② （宋）高似孙：《砚笺》卷一，"砚图"，清棟亭藏书十二种本，第3页。
③ （宋）唐积：《歙州砚谱》"名状第六"，清学津讨原本，第3页。

入水中，至写字时，更不费研磨之工，今之端样盖其遗法也，或
有为砚板、砚镜之类，微坳其首而已，或直用平石一片，别以器
盛水，旋滴入研墨，以此知今人不如古人书字之多耳。①

——（宋）洪适《歙砚说》

从以上列举文献来看，宋代砚的形制已经非常丰富。不仅有很
多形状，而且每一类形状下又分很多款式。另外，无论是端砚还是歙
砚，其在形制上又有着高度的一致性。相比端砚、歙砚而言，宋代的
洮砚虽然为苏轼、黄庭坚、赵希鹄、张文潜等著文赞咏，但都是只言
片语，未能详述，更无关于洮砚形制的例举。有幸的是，宋代洮砚尚
有存世实物，为我们了解其形制提供了有力的证据。而这些洮砚实物
表明，宋代洮砚的形制主要有长方形、椭圆形、抄手式等，均属当时
常见的砚形。明清两代，随着社会经济的发展，砚的制作也进入了空
前的繁荣阶段。其形制除前代已有的规整形制外，还出现了根据砚材
形状随形雕制的"随形砚"。这不仅使砚的形制更趋丰富与多样，而
且大大促进了设计、装饰、雕刻等方面的创变。更重要的是，其精雕
细刻的追求在增加艺术价值的同时，弱化了砚的使用价值，使之成为
可供玩赏的艺术品。而综观明清时期的洮砚实物，其形制的发展趋向
也与其他砚种同步。

民国时期，韩军一先生在其《甘肃洮砚志》中专有"式样"一
节，可谓首次对洮砚形制做的专门论述。其中提到的砚形主要有以下
几种。

第一，"石形带盖"。洮砚砚工将"石外缘略铲削，不论方圆，
而中心墨堂隆起，作圆形，为底盖相扣合之墨池者"统名曰"石形带
盖"。这是洮砚传世悠久、发端最早的名称。也是洮砚最为出名且异

---

① （宋）洪适：《歙砚说》，清学津讨原本，第3页。

于端、歙、贺兰等地制砚的法式和风格。其特点是：（1）"盖就石形裁成，另配补相适石盖，合成有底有盖中心圆起之圆池研，不亏损周边原材，不抛失天然黄膘，斯为可贵。亦洮人之所好。"（2）"其盖外面，用凸铲法，浮雕麒麟、梅花鹿、风啮瑞草、渔樵人物、月中姮娥、叶公好龙、二十四孝图。"

第二，凤字、瓢瓜、荷叶、瓶花、钟鼎、斧钺、云龙、鱼水、犀象、瓦脊、风田、桃蟹、琴笏等象物者。也都是当时常见的洮砚形制。

第三，规矩形砚。韩文说："至规而画圆，矩以作方，不施饰雕，亦多有之。"即见或方或圆，不加雕饰的规矩形素砚，在当时较为常见。

第四，辟雍砚。韩军一说："又有端方一石，就其中间之隆起，刻成园池，池上有盖，池外水环之，如辟雍之圆顶方宇，周以环水者，谓之辟雍砚。"

总体而言，民国时期洮砚的式样多仿古制，在韩军一看来，这或许是常看、常参酌旧谱录的原因。由于韩军一在河州时"曾遍访故家，阅坊肆间，凡洮砚之经属意者，心窃识之"，在北京时仍然"好砚如故，于故宫及各图书馆辄过往无虚。耳目所接，见闻较多"。所以对端、歙、洮砚都甚是熟悉。也正因如此，韩军一的字里行间时时流露出对洮砚形制、雕刻、法度、格调等方面不足的惋惜。尤其是对于洮砚雕刻中追求雕镂纤细之风而失却古朴、敦淳的现象深表遗憾。最后发出"吾人仿古谱者，宁求悃悃款款朴以敦，不必纤纤细细，刻羽雕叶以见巧。若求其慧，反见其拙，失之则远矣"的感叹。

新中国成立以来，洮砚得到新的发展，各种生产厂舍的成立为砚工们提供了对外交流与学习的平台，洮砚的形制在不断丰富的同时，也与全国其他名砚更加趋同。如果从外形和款式两方面来考察，则可各分两类。

具体而言，洮砚的外形主要有规矩形和自然形两大类。其中规矩形洮砚以对称为共性，又有方形和圆形两大类。方形洮砚一般具有棱角分明，挺拔峻峭的阳刚之美。如正方形、长方形、梯形、三角形、平行四边形、正五边、六边形等。圆形洮砚则有饱满、温润的阴柔之美，如圆、椭圆、鸭蛋形、梨形、瓜形、树叶形等。在规矩形洮砚里，圆形比方形更为流行，而在圆形砚中，又以鸭蛋形砚最受欢迎。规矩形洮砚一方面来源于古制，因为，从前文论述中不难看出，明清以前洮砚主要以规矩形为主。另一方面也源自洮砚石材本身的特性，由于洮砚石料属泥盆系中水成岩变质的细泥板页岩石，具有薄页状或薄片层状的节理。因此，所采石料，大多薄厚均匀，于边缘处稍加校正，即可成形。规矩形砚一般简洁大方，便于携带，有较强的实用性，至今仍为人们所喜爱。

自然形砚，也叫随形砚，就是根据砚材形状随形雕制的洮砚。此类砚在明清时期较为流行，其特点是砚工们根据砚石的色彩、纹理、形状等天然状貌，发挥想象，巧妙构思，进行创作。由此所得者，可谓一砚一品，没有重复。而对于砚工来讲，每一块石料都是一个新的开始。这就要求砚工在掌握规矩形砚的基本要求之外要提升各方面的素养。另外，由于随形砚巧于构思、精于雕刻，在保留砚石天然之美的同时追求艺术之美，所以，其功能也更多偏向观赏与收藏，而实用性则相对较弱。自然形洮砚中有一类比较特殊的仿生砚，即受砚材色、形、纹理的启发，仿照生物外形制作而成的洮砚。可分为动物形洮砚和植物形洮砚。动物形洮砚有龟形砚、蟾蜍砚、蝙蝠砚、蜘蛛砚等寓意吉祥的动物形象砚，也有孔雀砚、蟹形砚、鱼形砚、蝉砚、鹅砚、牛砚、猫砚、螺砚等普通动物形象砚。植物形洮砚如竹节砚、蕉叶砚、荷叶砚、柑桔砚、桃李砚、丝瓜砚、花生砚、松皮砚、灵芝砚、荔枝砚、樱桃砚等。除此之外，还有竹简砚、书砚、筛子砚、簸箕砚、灶台砚以及各种人物砚，都是直接将一块砚石雕成一个独立的形象，从外形看就是一个人物、一册竹简、一本书等。此类洮砚往往因其巧妙的构思和乱真的雕刻手法给人留下深刻的印象。

洮砚的款式主要有单砚和双砚两大类。单砚又称单片砚，指仅在一块砚石上开池、雕刻，不带砚盖的洮砚。单砚是古砚的主要款式，其主要特点是不饰雕凿，简约大方。优点是省工省料，实惠耐用，缺点是墨容易挥发，不宜长时间储存。双砚就是带盖砚，由砚底和砚盖两部分组成，根据需要，底与盖之间的关系主要有三种：其一是砚底和砚盖平分秋色，由底部承担实用功能，盖部承担防尘保鲜功能，如有雕饰，上下比重也相当；其二是砚底不仅设墨池、水池，而且周身雕刻图案，集实用与观赏于一身，而砚盖则处于从属地位，只覆盖于砚堂之上；其三是注重砚盖的装饰性和观赏性，盖面、盖里和盖扣部分都精雕细琢，砚盖全部覆盖在砚底之上，这种砚以规矩形居多。

如上对洮砚从外形与款式两方面进行分类，也是当前洮砚界普遍的共识。当然，如果从有无雕饰来分，洮砚还可以分为素砚与装饰砚；从价值取向来分，则有实用砚和观赏砚等。总之，洮砚石材虽然产于梯航难及之乡，但从古到今，其造型与款式的演变并没有游离于时代审美之外，而是与历代其他砚种保持高度一致，体现着中华砚文化基因的发展和传承。

第二节　洮砚的内部结构

上一节主要讲洮砚外形以及不同款式的发展演变，本节重点论述洮砚的内部结构，这里所说的内部结构，主要针对外部造型、装饰和款式而言，指低于砚面，向内凹进的水池、墨池以及砚盖与砚底扣合部分的各种样式和结构。

一　墨堂

砚台的研墨部位，一般被称为砚堂。韩军一先生在其《甘肃洮砚志》中说洮州砚工将洮砚的磨墨处称作"墨堂"。今天大多数洮砚砚工又直接将之称作"堂子"。

由于砚的基本功能是研墨，所以墨堂是砚最基本的结构要素，也是砚的核心部分。正因如此，在墨堂的制作中一般要考虑四个问题，第一是将砚材质地最为细腻莹润、利于发墨而又不损笔毫的最优部分留作砚堂。若砚材不佳时，也可设法补救。现在的砚工们有一种办法，就是找一块优质的砚石做成墨堂所需的形状，然后镶嵌在砚面上。这样一来，既不浪费砚材，也解决了砚堂部分石质不理想的遗憾，同时还因有意选取不同的石色，让砚身与砚堂在色泽上互相区别，起到了很好的审美效果（图2-1）。第二是将墨堂安排在砚尾靠近使用者的地方，便于移动，利于磨墨。第三是要平整、光滑，无碍于磨墨，更不能因石有杂质而划伤墨锭。第四是要有足够的面积，以供手执墨锭在上面滑动。

关于墨堂的造型，韩军一说洮砚不论方圆，中心的墨堂都是隆起且呈圆形的。这主要是就当时流行的独具特色的"石形带盖"砚而言。从现在洮砚的制作来看，墨堂的造型变化也仍然以继承传统为主。若再仔细区分，则可分为平面与弧面两大类。平面类墨堂主要指磨墨面平整光滑，其中又有水平平面型和斜坡平面型两种。前者墨堂壁与墨堂面垂直，墨堂底面水平，为多数砚所采用。后者墨堂壁与墨堂面有一定夹角，墨堂平整，但呈斜坡状，主要以抄手砚为主。弧面类墨堂主要指墨堂整体造型有一定的弧度，它往往低于砚面，高于墨池，要么隆起，要么凹陷，大致可分三型。其一是凸面平顶型，这种墨堂不论方圆，中心凸隆，四周凹陷，顶部平整，较为常见（图2-2）；其二是斜坡凹底型，主要是就箕形砚或类似的墨堂而言；其三是凹底型，有些洮砚的墨堂类碟似盘，底面凹陷，往往与墨池合二为一。

墨堂的形状主要有圆形、方形、不规则形，还有随装饰自然形成的形状。

图2-1 镶嵌的墨堂
（马万荣作品）

图2-2 凸面平顶型墨堂（图片来
自车建军《鉴石集粹话
洮砚》，甘肃文化出版社
2014年版，第8页）

二 墨池

墨池是分布于墨堂周围或一边的凹下去的低洼部分，与墨堂相连而低于墨堂，用来贮存由墨堂磨成并自然流淌入内的墨汁。也是洮砚的主要组成部分，一般被安排在砚首，约占砚面的三分之一到一半。祁殿臣先生曾将墨池的底部形状分为平底型、罗锅型和托盘型三种，颇有见地，为后来的研究者所采用。但这一分类似乎是建立在墨堂、墨池一体化基础之上的。这无形中使墨池、墨堂的概念模糊化。对于这一问题，包孝祖、季绪才在《中国洮砚》中就曾指出二者不能混为一谈。[①]我们尊重砚工们约定俗成的称谓，但同时也要看到，自古至今的洮砚制作中，墨堂和墨池除少部分合二为一之外，大多数仍然二者均有设置。对于墨池而言，不仅在多数砚中独立存在，而且还是被作为重点设计和雕琢的部位。分析原因，主要是相比墨堂面积大、光滑无碍、便于发墨流墨等功用而言，墨池

---

① 包孝祖、季绪才编著：《中国洮砚》，甘肃文化出版社2014年版，第28页。

只是用来贮存墨液，接触墨池的也主要是毛笔，笔头柔软而不至于磕碰雕饰。所以，墨池的设计与制作在某种程度上更能发挥砚工的创造力。从形状而言，洮砚常见的墨池主要有三类，第一类是对称型，其中包括一字池、月形池、风字形、环形、圆形、佛龛形等，是一类规则形墨池。第二类是仿生型，即墨池形状模仿动植物外形而做，如鱼形、叶形、蝉形等，此类墨池也有对称与不对称之别。第三类是双墨池，通常是以两个圆形墨池相扣，呈连环状，或以两个长方形墨池相并列。第四类是自然型，主要是指在砚首装饰纹样或图案的雕刻中，因势利导，利用镂空透雕等手法将某一部分开成墨池。这种墨池可能是一个，也可能是多个。

在洮砚中，除了一类将墨堂与墨池合二为一外，大多都是二者并存，其关系又有两种，其一是以抄手砚、箕形砚为代表，墨堂与墨池之间没有明显的界限，但从功能上讲，二者的部位又不能替换。其二是墨堂与墨池之间有砚岗衔接过渡，砚岗也称池头，俗称肚皮，是墨堂和墨池部分的交界处。洮砚以带盖为特色，而在带盖砚中又以方砚和圆砚为主，凡全部覆盖于砚盖之下，墨堂、墨池共存的洮砚，其墨堂与墨池所遵循的样式主要还是：方形砚以门字样、淌池样为主。圆形砚以瓦当样、圆形石渠样为主。鸭蛋形砚以风字淌池样为主（图2-3）。

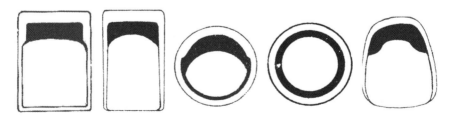

图2-3　墨堂与墨池衔接样式（图片来自上官卿编著《中国砚艺大观》，中州古籍出版社2008年版，第17—21页）

从左至右分别为1.方形门字样　2.方形淌池样　3.圆形瓦当样　4.圆形石渠样　5.鸭蛋形风字淌池样

三　水池

在洮砚中，水池通常被砚工称为水堂或浅堂子。水池主要有几个特点。其一是一般被安排在砚头部分，或呈半包围式分布在墨池半边，或环绕在墨池周围。其二是往往与主题性图案融为一体，成为洮砚中集实用与观赏于一身的部分。一般是采用透雕的方法，将图案镂空，下挖到一定深度后剔平底部，形成水池。这样所得的水池有的全部覆盖于悬空的图案之下，面积大而整体。从顶部观看，水池底是图案的镂空部分，看似有多个不同形状的图底，但实际上水池是一个通池。有的则只是将图案中用作水池的部分深挖下去，并没有做镂空处理，如此所得的水池便会有多个，虽同属一个图案的不同空间，但相互又是隔离的。也就是说，这两种水池中，一种盛水量较大适合于书画家大幅作品的绘制，另一种盛水量较小，但由于多个水池并存，也有利于不同墨色的分阶，为"墨分五彩"的墨色追求提供了便利。其三是与墨池相连，但又相互分离，仅一"墙"之隔。其四是普遍开池比墨池浅，少数情况下与墨池同深，特殊情况下，比墨池深者亦有之。其五是在带盖洮砚中，凡设水池者，砚盖一般只覆盖墨堂和墨池，但不覆盖水池（图2-4）。从洮砚实物来看，水池大约从清代、民国时期出现并流行至今，是洮砚相比其他砚台而言较为独特的

图2-4　砚盖一般只覆盖墨堂和墨池，但不覆盖水池（王玉明藏砚）

内部结构。

四　砚盖

前文提到洮砚形制的分类中关于单砚和双砚的区别，主要是看有无砚盖，也可以说，无盖砚就是单砚，带盖砚就是双砚。带盖是洮砚的主要特点，这是其他砚种所没有的。采访中，有砚人称这一方面与当时洮砚所在地的学子们长途携带洮砚赶考需要存墨有关，另一方面也与西北风沙大，洮砚使用过程中防止沙尘落入污染墨汁的现实有关。这两种考虑虽然没有直接的证据，但也合情合理。当然，从出土实物来看，带盖砚是汉代砚的主要形制之一。例如在距离岷县不远的天水隗嚣宫遗址就出土了汉代蟠螭盖三足石砚，现藏甘肃省博物馆。该砚不仅是圆形带盖，而且非常注重砚盖的雕饰。后世其他砚种里也有带盖砚的出现，不过相比而言，洮砚以带盖砚为主，即所谓"石形带盖"最具特色。

正因带盖是洮砚的特点，所以，合盖（也叫合口）便是洮砚制作中的主要工序，也是检验砚工水平的主要标准之一。也正因如此，洮砚砚工们在长期的实践和经验改进中积累了多种砚盖的样式，若从不同角度考察，会有不同类型。

1.从平面轮廓来看，洮砚砚盖主要有圆形、方形、长方形、正六边形、正八边形、椭圆形、鸭蛋形和不规则形等。砚盖的形主要取决于砚的形制和墨池、墨堂的形状。

2.从覆盖面积与部位来看，洮砚砚盖主要有堂盖和整盖。堂盖是洮砚砚工们的惯称，指仅覆盖墨堂的砚盖。使用这种砚盖的洮砚一般是墨堂与墨池一体化，注重砚面、砚体和砚盖顶部的雕饰。当合上砚盖时，周身的雕刻图案与盖顶的图案融为一体，使整个砚台成为一件精美的艺术品。当打开砚盖时，墨堂的使用功能显示出来，与周围装饰形成繁与简、疏与密、用与赏的对比。整盖是指砚盖将砚底全部覆盖。

使用这种砚盖的洮砚一般是墨堂和墨池并存，多有砚岗。砚的外形简洁大方，以规矩形方砚、圆砚、多边形砚、椭圆形砚、鸭蛋形砚为主。

3.从砚盖的立体造型来看，洮砚砚盖主要有以下几种。

（1）平板型。这类砚盖的外顶面和内底面都比较平整，保持了砚盖与砚底切割后的自然状态，未做过多加工。

（2）穹顶型。这类砚盖的外顶面和内底面同时做弧面处理，使其呈穹窿状，不仅从外观上增加了砚的曲线美，而且扩大了墨堂与墨池的内部空间。

（3）平顶凹底型。即砚盖的外顶面是平面，但将内底面处理成内凹状。盖上砚盖，外观平整，打开砚盖后，砚盖内底面又可以用作润笔台。

4.从盖扣的凸凹来看，主要有凸扣和凹扣。盖扣是指砚盖内底面边缘与砚底边缘相扣合的环形部位。砚工们习惯把凸起的盖扣称为子扣或公盖子，把凹进的盖扣称为母扣或母盖子。子母相扣、公母相合，才能严丝合缝，保证墨液的新鲜。

5.从子母扣的结构来看，典型者又有四种。

（1）单扣。为了使砚盖与砚底扣合，不至于晃动或滑落，即便是做工最简单的砚盖也都有子扣和母扣的构造。只不过单扣砚盖内底面边缘与砚底边缘相扣合的环形部位只有一圈。这也是洮砚盖扣的常见形式（图2-5）。

（2）双扣（图2-6）。为了达到更好的密封效果，体现制作水

图2-5　单扣（包旭龙作品）　　　图2-6　双扣（张建才作品）

平，也有人创造出双扣。即砚盖内底面边缘与砚底边缘相扣合的环形部位多达两三圈。如张建才就在带盖砚的墨池和盖子上创新出一种"双子扣"，其特点是盖子上的卡扣是双层，这个形式相比较以前的单扣砚盖密封性能更好，合盖之后的砚台即便是被竖着立起来，里面的水也不会漏出来。汪忠玉曾有砚中套砚的做法，其砚盖也是双扣，能同时将套在一起的几方砚同时盖住（图2-7）。

（3）斜面扣。砚盖内底面边缘与砚底边缘相扣合的环形部位呈斜面，往往砚盖直接从整块砚面上取下，盖与底相合之后，砚盖顶面与砚面纹路相连，融为一体，不露痕迹，体现了较高的合口水平（图2-8）。

（4）开合扣。这是一类比较特殊的，具有创造性的盖扣，主要特点是砚底边缘的环形部位仍采用传统样式，但砚盖往往是两扇，像门一样开合，可同时将两半合住，也可合一半，打开一半。如卢锁忠就有很多"双扇门式"的作品，成功地使用了推门扣（图2-9）。这样的

图2-7　双扣（汪忠玉作品）　　　图2-8　斜面扣（马万荣作品）

图2-9　开合扣（卢锁忠作品）

设计，往往会拓展砚的设计思路，收到意想不到的效果。

第三节　洮砚的装饰

作为文房用具，装饰之于砚显得尤为重要。自古至今，砚的装饰主要有石理装饰、图案装饰、铭款装饰及其他配饰。

一　石理装饰

石理装饰主要指借助洮砚石材天然的纹理、色彩、膘皮等装点洮砚的方法。如前文所述，洮砚石材天然具有绿、红、黄等色泽，有些色彩统一，有些众色相杂，自然具有缤纷之姿。尤其是龙鳞、蛇皮、油脂、黄膘等各种膘皮，不仅形成斑斓的色相，而且其中自有多种肌理。另有水草纹、水波纹、云气纹、鹊桥纹等纹理及湔墨点、铜钉等石纹与杂质。这些都魅力天成，美不胜收，非人力所能及。然而，洮砚石虽有天然美质，但也需良工琢之，方可成器。从大量洮砚作品可以看出，自明清以来，洮砚雕刻者非常注重对洮砚石材天然丽质的借用，追求巧妙利用原石固有色彩、纹路于雕刻当中，称之为"巧色"。就拿洮砚最具代表的"石形带盖"而言，也是以"不亏损周边原材，不抛失天然黄膘"者最为可贵。当下，洮砚制作中规矩形传统样式虽然也有人坚守，但不得不承认，各种各样的随形砚正在引领着时代的潮流。而随形砚背后隐含的正是人们对石材天然美的追求，至少是认可了天然石材自然性状对砚工的启迪以及在每次启迪中生发出的创造性。事实证明，这种由石材带来的启示是千变万化的，由此生成的每一方洮砚也是独一无二的，这也正是随形洮砚的魅力所在。当然，每一位砚工具有的继承传统的自觉使命和追求自我审美意识的心理也不会让所有人、所有作品都只停留在利用石材自然之美上。因为，除此之外，洮砚还要承载更多的文化内涵。由此，洮砚装饰中更为重要的内容便是千百年来流传下来的各种图案。

二　图案装饰

"图案"顾名思义即图形的设计方案。著名图案教育家、理论家雷圭元先生在其《图案基础》一书中有这样三句话：

> 图案是以它特有的造形、构图、色彩为生活增光增彩的。它利用自然但不满足于自然。它力图在自然美的基础上把自然改造得更美，更合乎人的不断进步的理想。
>
> 图案语言的"群众化"，图案样式的"民族化"，图案技巧的"装饰化"是图案的特点，必需作深刻的研究。
>
> 图案的"形式美"，是客观需要的。无论古今中外的图案形式，只要为今天中国人民乐于接受的，皆应该研究学习，批判地吸取其精华而为我用。[1]

这三句话对我们讨论洮砚的图案装饰具有两个重要启示。第一，这准确说明了洮砚装饰为何没有满足并停留在石理的层面上；第二，洮砚的图案作为地方性非物质文化遗产具有一定的地域性特点和群众基础，但从未脱离民族性而单独存在，其不仅很好地继承了中华传统图案，而且积极向国内其他名砚不断借鉴吸收，力求与全国的砚文化保持同步。

从洮砚的发展来看，其装饰图案主要有三类，第一类是传统的适合纹样和连续纹样。第二类是龙凤图案、吉祥图案、宗教图案和传说故事图案。第三类是从敦煌壁画、石雕、玉雕及其他优秀艺术中吸收借鉴，进而创造出来的图案。

---

[1] 雷圭元编著：《图案基础》，人民美术出版社1963年版，第2页。

（一）传统纹样

洮砚装饰中常用的传统纹样主要有单独纹样、适合纹样和连续纹样。单独纹样是可以与四周纹样分离，能够独立存在而具有完整性的纹样（图2-10、2-11）。

图2-10　洮砚中常用的单独纹样　图2-11　洮砚中常用的单独纹样（史忠
　　　　（参见《龙凤狮参考资　　　　　　平绘）
　　　　料》，广州市工艺美术研
　　　　究所整理，内部资料）

适合纹样是具有一定外形限制的纹样，图案素材经过加工变化，组织在一定的轮廓线以内。具有严谨的艺术特点，要求纹样的变化既能体现物象的特征，又要穿插自然，形成独立的装饰美。适合纹样外形完整，内部结构与外形巧妙结合，常独立应用于造型相应的工艺美术装饰上。洮砚中的适合纹样有传统的几何纹样如圆形、长方形、月牙形等，也有动植物纹样，经常具有一定吉利寓意，达到"图必有意，意必吉祥"的目的（图2-12）。

角隅纹样也是适合纹样的一种（图2-13）。它因常用作角的装

图2-12 洮砚中常用的适合纹样（左、中：史忠平绘，右：王玉明作品）

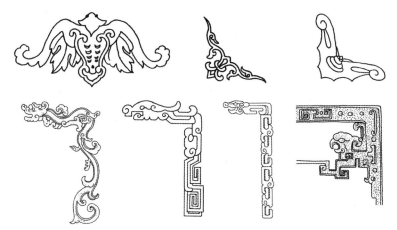

图2-13 洮砚中常用的角隅纹样（史忠平绘）

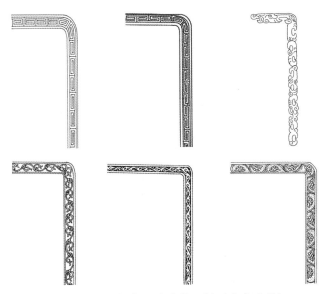

图2-14 洮砚中常用的连续纹样（史忠平绘）

饰，所以也叫"角花"。角隅纹样在洮砚中的装饰部位，有一角、二角、四角之分，往往与边花配合使用。

连续纹样即以一个单位重复排列形成的无限循环、连续不断的图案，一般有二方连续纹样和四方连续纹样两种形式。在洮砚的装饰中，连续纹样又可以称作边饰纹样，常见的有：回纹、水波纹、祥云纹、夔龙纹、宝相花纹、缠枝花纹，等等（图2-14）。

（二）传统图案

传统图案是由历代沿传下来的具有独特民族艺术风格的图案，其思想内容取决于社会的经济基础，也是古代社会政治、经济、道德、伦理的反映。关于洮砚装饰中的传统图案，祁殿臣先生曾有较为全面的列举和归类，后来研究者也基本承袭其说。由于洮砚所用传统图案乃世代相传的结果，是一种约定俗成的图样，既已成型，便不容随便生发。故而，本书也借祁先生之说，以免制造混乱。根据祁殿臣先生所著，洮砚的传统图案主要有以下几类。

1.龙凤图案：是洮砚雕刻的代表性图案，主要有龙凤朝阳、丹凤朝阳、二龙戏珠、独龙探海、四龙竞雨、五龙闹海、九龙戏日、凤穿牡丹、百龙聚会、龙凤呈祥及各种单独的龙、凤等。

2.宗教类图案：此类图案与洮砚产地在历史上曾实行政教合一制度，以及佛教盛行的环境影响有关。流传较广的有佛八宝、仙八宝、八吉祥、观音送子、八仙庆寿及各类佛像等。

3.谐音寓意图案：此类图案源于口语谐音，民间砚工称为"口采"图案，是用事物称谓的谐音寄寓自己的愿望和理想的一类图案。流传较广的有五福捧寿、耄耋富贵、恋子双鱼、福寿延年、福荣有余、万代长青、事事如意、岁岁平安、太平有象、喜上眉梢、五福临门、连生贵子、三阳开泰等。

4.借物寓意图案：借物寓意一种人格，或某种理想、某种祈愿等。如借梅、兰、竹、菊来表现君子之风；借松、竹、梅来体现傲骨迎风、挺霜而立的精神；借松柏、霜菊、仙鹤来寄托延年益寿的祈福；借花、月来象征婚姻的美好；借鱼跃龙门、马上封侯、五子登科来祝愿宏图大展等。

5.传说故事类图案：此类图案在洮砚雕刻中流传很广，创作素材也很丰富，通常来源于四个方面：一是来源于历史小说，有桃园三结义、文王访太公、武松打虎、瓦岗寨、康熙访贤等；二是来源于民间神话传说与故事，有牛郎织女、天仙配、哪吒闹海、嫦娥奔月、女娲补天、后羿射日、麻姑献寿、吹萧引凤、跨虎入山、踏雪寻梅、龙女牧羊等；三是源于民间戏曲，有文成公主、白蛇传、西厢记、牡丹亭、苏武牧羊、花亭相会、游西湖、夫妻识字、兄妹开荒等故事。除此之外，名山胜景、僧院古刹、亭台楼阁、奇石怪树、虫鸟花卉、飞禽走兽、琴棋书画、文房四宝，等等，都是洮砚雕刻图案的创作题材。

（三）创新图案

上海辞书出版社《辞海》艺术分册对"图案"条目解释说："广义指对某种器物的造型结构、色彩、纹饰进行工艺处理而事先设计的施工方案，制成图样，通称图案。有的器物（如某些木器家具等）除了造型结构，别无装饰纹样，亦属图案范畴（或称立体图案）。狭义则指器物上的装饰纹样和色彩而言。"也就说对于图案，除了装饰在器表上的纹样、色彩这一狭义的理解之外，广义上讲，对器物造型的设计也是一种立体的图案。从洮砚图案的发展来看，自20世纪60年代以来，几代砚工在洮砚图案的创新上做出了不懈的努力，具体而言表现在如下七个方面。其一是在洮砚形制，也就是整体砚型方面的改进和创造。我们知道，传统洮砚继承了中华砚文化的基因，形制主要以规矩形方砚、圆砚为主。而现代砚工则从明清以来的随形砚的支脉中获得灵感，在"随形"的框架下根据石材天然形状，极大地发挥了想象力和艺术智慧，创造了很多前所未有的洮砚外形。如人物砚中将整块砚石雕成老子、布袋和尚、关羽等，这种砚，人物本身就是砚本身，砚体即是人物的身体，二者合二为一，达到了理想的效果。同样的方法用在动物、植物上，雕刻出花生砚、寿桃砚、竹节砚、鱼砚、鹅砚等仿生洮砚。还有将生活用具直接移入砚石的如筛子砚、簸箕砚、书简砚、灶台砚等，还有用自然山川制作洮砚的，如山形砚等，都是这一时期在图案上的创新。当然，这种智慧并非现代就有，例如龟形砚、山形砚等早在汉唐时期就已经开启了先河，但后世并未大面积流行。其二是敦煌题材的图案。这是作为甘肃洮砚雕刻者们继承传统，挖掘地域艺术资源的一种直觉。可以说这是从20世纪中叶以来，甘肃省工艺美术厂及后来的姚氏公司为了打造洮砚品牌，共同关注的一个资源宝库。刘爱军、贾晓东、李茂棣等人都曾深入敦煌莫高窟参观学习敦煌艺术，从中吸取营养。如今，这一题材已经成为洮砚装饰中的代表性符号，相信在今后的发展中将会越来越有前景。其三是20世纪60年代，甘肃省工艺美术厂洮砚生产车间在传统洮砚图案的基础上，鼓励创新，也从其他砚种引进图谱。当时影响较大的有广州市工艺美术研究所整理、选辑的《龙凤狮参考资料》（图2-15）《传统人物画》等，其中有各种龙、凤、狮及传统民间故事人物画图案。该资料后来由包述吉与李茂棣从甘肃省工艺美术厂带到卓尼，

对龙凤及人物砚的兴盛产生了很大的影响。如张建才就曾将《龙凤狮参考资料》从头至尾勾摹下来，反复研究，后来他刻的龙活灵活现，被称为"张家龙"。其四是各种画册、画报的出版发行，为洮砚雕刻提供了新的图案样式与设计思路。如张建才曾剪辑、收集各种画报及相关可用资料好几册，另有《吴友如仕女人物画集》《马骀画宝》《宝相花图案集》《红楼梦人物图》《百兽谱》《全本画

图2-15 《龙凤狮参考资料》

谱》等都是他用于参考的珍贵资料。其五是扩大装饰面积，敢于将历史故事、传统龙凤大规模的搬入洮砚，一方面增加了洮砚的文学性和文化内涵，另一方面因装饰面积的增大而提升了洮砚的分量，使之成为具有纪念碑式的巨制，也属于现代洮砚装饰图案上的创举。如刘爱军的《千龙戏海砚》、王玉明的《红楼梦砚》、赵成德的《九九归一砚》等。这一创举无疑是现代化进程中，人力、物力、财力同时具备的情况下，科技手段及时跟进的结果，如其不然，巨型砚材是无法获取的。其六是从石雕、玉雕及其他名砚中吸收借鉴，不断糅合与嫁接，进而创造一些不同以往的图案。这也是半个世纪以来洮砚砚工们走出大山，不断交流学习的结果。其七是利用图书资料以及互联网和信息化资源，获得更为广泛的装饰题材。此类装饰图案与传统纹样相比，在面貌上也比较新颖，但由于砚工们文化水平、审美水平的差异，所选取的图案往往参差不齐，有些图样甚至格调不高。更重要的是，这一图案的摄取过程让部分砚工懒于思索，不能与承袭传统经典图案同日而语。

三 铭款装饰

图案与纹样体现了砚作为一种雕刻工艺在装饰上的基本要求。与此同时，刻款勒铭也是装饰砚作不可缺少的手段。所谓砚的铭款，就是在砚上铭刻的文字。在古代，砚铭的镌刻一般有两种情况，一种是砚作为出售的商品，制作者会在上面刻上自己的姓名、店号、制作时间、地点等带有广告和版权性质的文字，或为了博得顾客、配合图案，刻一些象征吉祥的用语。另一种是作为文房用具，砚的使用者"在砚上镌刻自己的姓名、字号或标识，进而在砚上记录该砚的来源，对砚的开采、材质与形制加以描写和赞颂，甚至在砚铭中表达读书人对某事某物某人的认识、感悟，抒发读书人的价值取向和道德情操等等"[①]。从相关资料看，

---

① 华慈祥：《上海博物馆藏明清题铭砚》，《中国书法》2016年第7期。

古代洮砚铭款以第二种情况为主，字体多为隶、楷、行书。如《胡氏书画考三种》曾详细记录了"蔡襄洮河石砚铭墨迹"，人称此砚铭"笔力疏纵，自为一体"①。《说略》载"宋孝宗曾赐周必大洮河绿石砚，有御笔'洮琼'二字"②。《俨山集》记录了作者得洮河绿石，琢成砚，铭其背的情况。③《好古堂家藏书画记》记述一方以八分书刻"洮河之珍"四字的洮砚。④天津艺术博物馆藏宋洮河石抄手砚砚背有周肇祥铭三言诗一首："黄河溢，巨鹿没，八百年，井中出。汝之心，坚且洁，照古今，若碧月。"署款"阏逢困敦之秋养庵铭"。侧隶书铭"北宋洮河产研"，款"孝胥"。⑤（图2-16）而西泠印社2011年春季拍卖会历代名砚专场上就有一方洮砚，亦以八分书刻有"洮河之珍，文绣院藏宝"的铭文（图2-17）。

图2-16　"北宋洮河产研"砚铭拓片（图片来自蔡鸿茹《中华古砚100讲》，百花文艺出版社2007年版，第2页）

图2-17　"洮河之珍"砚铭（图片来自《文房清玩·历代名砚砚专场》，西泠印社2011年春季拍卖会7月19日，第3546图）

---

① （清）胡敬：《胡氏书画考三种》西清札记卷一，清嘉庆刻本，第86页。

② （明）顾起元：《说略》卷二十二，清文渊阁四库全书本，第336页。

③ （明）陆深：《俨山集》卷三十五，清文渊阁四库全书补配清文津阁四库全书本，第181页。

④ （清）姚际恒：《好古堂家藏书画记》卷下"附记杂物"。

⑤ 蔡鸿茹：《中华古砚100讲》，百花文艺出版社2007年版，第1页。

图2-18 "御赐宋研洮河砚"砚铭拓片（图片来自《墨池余韵·日本私人收藏古砚专场》Ⅱ，华辰2011年春季拍卖会5月20日，北京，第400图）

明"洮河麒麟八方砚"侧镌刻"山色遥连秦树晚，乾隆九年汪岳"楷书砚铭，砚底镌刻"姚三辰铭"钤印。[①]清乾隆时的"御赐宋研洮河砚"于墨池与砚堂之间镌刻楷书"宋研"二字，砚背镌刻楷书砚铭，"丙辰正月初五，皇帝奉太上皇茶宴，重华宫联句，以此研赐礼部尚书，臣纪昀。时臣七十有三"，钤印"记"。砚两侧铭文分别是："昭和十八年八月，北支永野部队，医务室一同"，"池田正男大尉，殿"，（图2-18）[②]据此铭文知其为当时日本侵华军队官馈赠之物。同时也可知砚与砚铭在制、刻时间上的不同步性。另外，故宫博物院藏宋代洮砚（应真渡海图椭圆形砚、蓬莱山图长方形砚、兰亭修禊图长方形砚）都有较长的砚铭，字体较多，书法与镌刻水准都很高。[③]

在洮砚铭款方面，近不及古，因为今之砚工及藏鉴者不比古代文人墨客，自书咏砚名句，自抒喜砚心声。而是临摹书家所题诗词歌赋、名家警句、座右铭、图案点题等镌刻砚上。当然，也有出新裁者，如王玉明将《西清砚谱》中论洮砚之句及砚谱一并移入砚中，颇有新意和研究视角。另外，现在互联网提供的各种字体也方便了砚铭的雕刻，很多砚工直接从中获取所需的字样，但其整体的艺术性却大大减弱了。

---

① 《墨池余韵·日本私人收藏古砚专场》Ⅱ，华辰2011年春季拍卖会，5月20日，第378图。

② 《墨池余韵·日本私人收藏古砚专场》Ⅱ，华辰2011年春季拍卖会，5月20日，第400图。

③ 罗扬：《宋代洮河石砚考》，《文物》2010年第8期。

四　装饰部位与方法

前面论述了装饰洮砚的各种纹样、图案及文字，下面就洮砚装饰的部位及方法做分析。

（一）砚边装饰

根据有无装饰，洮砚有素砚和装饰砚之分。素砚即指通体素洁不施纹饰的砚台，一般以方形、圆形等规矩形砚为主。但从众多洮砚实物来看，即便是不雕琢任何图案纹样的素砚，也要求边线平直或流畅圆润，自带一种装饰特性。常见的形式有普通边、指甲边和韭菜边三种。普通边一般要求表面平坦光滑，无尖锐棱角和毛刺。指甲边的特征是中间成弧状鼓起，犹如人的指甲盖，饱满匀称。韭菜边中间成弧状下凹，状似韭叶，顺滑挺秀。也就说，素砚虽无装饰，但对边线的讲究说明人们对砚的装饰需求首先是从砚边开始的。而素砚砚边所呈现的简朴明快、端庄素雅的审美效果正是对砚工雕刻基本功的考验，其难度甚至超过了繁密的雕饰。

随着观赏性需求的不断提高，洮砚在普通边和指甲边的基础上雕刻图案纹样，通常称为砚的边饰。其装饰部位主要是洮砚的边缘部分，根据需要可分为单边装饰、双边装饰、三边装饰和周边装饰几种，所用的纹样主要以二方连续纹样为主，装饰手法以阴线刻和浅浮雕为主。这种源自砚边的带状装饰方式后来不断得到发展，其装饰部位不仅由砚面边缘扩展到砚底边缘，而且被应用到砚的侧身部位，并且在图案上也从连续纹样发展为具有一定故事情节的、场景复杂的大型场景。如明代十八罗汉砚周身环绕雕刻的十八罗汉图等。砚边部分有时也是铭款装饰的最佳部位，如首都博物馆藏宋代洮河石长方砚，一边刻"嘉庆壬戌长至日记"，另一边刻"观弈道人审定宋砚"，字为工整的隶书，好似一幅对联。[①]天津艺术博物馆藏宋洮河石抄手砚

---

① 王念祥、张善文：《中国古砚谱》，北京工艺美术出版社2005年版，第83页。

侧隶书铭"北宋洮河产研",与"孝胥"款,甚似书脊,颇有趣味。

砚边装饰是一种带状装饰,既有向两边无限延伸造成的开放性,也有环绕形成的闭合性和循环性,其无论是在砚边还是砚身,都会以最为直观的方式呈现在观者面前,传递着自身承载的文化内涵。

(二)墨池装饰

装饰墨池主要是就单片砚而言,因为在单片砚中墨池与墨堂共存,但由于墨堂是用于磨墨的地方,首先需要平整无碍,其次要有足够的面积,所以一般不施雕工,而墨池则不同。所以,墨池变成了单片砚中除砚边之外的另一装饰部位。

墨池的装饰常见有几种方法,其一是讲求墨池形状的装饰性。这一点在前文论述墨池时已有提及,其中各种墨池在外形上都具有一定的装饰性。其二是在墨池深处以高浮雕的手法刻成卧龙、卧鹿、卧牛等形象,使主体物从墨池中凸起。四周贮存墨液,给人以蛟龙出海、牛浮水面的感觉。其三是在雕刻物象中,根据需要将主体物局部下挖凹进,形成墨池。或利用山水空间形成墨池,如兰亭砚利用树与桥之间的空间,让墨池自然与树桥后面的水面融为一体,不仅产生了墨池的实用空间,而且起到了一定的装饰作用。其四是利用器物口部空间形成墨池,比如宝瓶形砚,则以瓶身为墨堂,瓶口为墨池。其五是利用动植物的自然动态和形状形成墨池,如鹅砚中,砚首雕刻一鹅引颈围合墨池,看似不经意间,让砚作浑然一体,妙趣横生。当然,墨池部分的装饰手法和图案还有很多,限于篇幅,不再一一列举。

(三)砚盖装饰

砚盖是双砚的重要组成部分,在一方洮砚中往往占有较大的面积,尤其是整盖,其外顶面几乎是所有雕饰的承载者。砚盖装饰所用的图案非常广泛,无论是单独纹样,还是连续纹样;无论是适合纹样,还是角隅纹样;无论是传统吉祥图案,还是民间故事;无论是人物山水,还是花鸟虫鱼;无论是书法,还是印章,都可用来装饰砚盖。砚盖的装饰手法主要因整体构思和风格而定，如整个砚为繁密的雕刻风格，则砚盖的图案多选用主题明确的山水、花鸟、人物，雕刻也多采用高浮雕，甚至透雕和镂空，有时砚盖上还雕有盖钮，以求纵深的立体之美与写实之风。如整个砚为简约的雕刻风格，则图案多为传统的装饰纹样，多用阴线刻与浅浮雕，营造一种抽象的造型及平面化的空间。

（四）满工装饰

前面几种装饰都是就局部而言，也就是说，无论是砚边装饰、墨池装饰，还是砚盖装饰，都是一种局部的装饰。但有些洮砚作品，则是周身各个部位都布满装饰。要么多种雕刻手法并用，要么从头至尾统一一种技法，并且每个细节都精雕细刻，十分讲究，这就是满工装饰。如故宫博物院藏兰亭修禊图长方形砚，砚面上方浅刻兰亭图景,砚面中部为曲水、亭、桥两座，砚面下方为砚堂。砚周四侧浅浮雕环景修禊图，诸多文人学士临流赋诗饮酒。砚的背部覆手呈斜坡状,雕柳塘景致浴鹅图。砚周一侧面下方左侧阴刻篆书"遁道人"三字,下有阳文篆书"元口"长方印。再如故宫博物院藏应真渡海图椭圆形洮砚，砚堂之外饰阴线，上刻兰亭外景图，下刻海水江牙。砚周侧通景式以浅浮雕技法雕刻出十八应真渡海图，砚的底部深凹，高浮雕双龙闹海图。另有多处砚铭穿插其间。这两方砚均通体雕刻，极为精致，运用了线刻、浅浮雕、高浮雕等多种技法，雕饰出不同的图案，繁而有致，是满工装饰的洮砚精品和代表之作。

根据不同的砚型，洮砚的装饰部位还有可言者，如水池部位的装饰，往往在砚首雕图刻形，要么叠屋架桥，要么缠枝绕叶，要么盖翎覆羽，利用透雕镂空使水池分离于墨池之外，藏之于楼花之下，半遮半掩，玲珑剔透，若在其中盛上清水，雕花掩映其间，甚是美妙。再如个别仿古石渠带足砚，砚角、砚足便成了重点装饰的部位。总之，自古至今，对砚的装饰行为和思维一直没有停止。但洮砚在装饰方面曾经一度陷入精雕细琢的误区，致使繁缛、媚俗之风盛行，实用功能下降。近年来，砚工中越来越多的有识之士开始深刻反省这一问题，并理性进行装饰，让洮砚回归传统，克服浮躁，创作经典的信念正在洮砚制作者中间达成共识。

第四节　洮砚砚谱

现有资料表明，前人对名砚图谱的整理研究主要有几种形式：（1）文字描述。古人研究名砚，多著砚谱，其中个别砚谱记录了砚的造型。如唐积的《歙州砚谱》、徐毅的《歙砚辑考》中分别记有四十种、五十七种歙砚样式。朱玉振的《端溪砚坑志》中记载了五十余种端砚样式。（2）手工绘制。明代高濂在其《遵生八笺》中将他所见各式砚石加以图绘，使后世了解古砚形制与装饰，开创了图绘砚石之先河。清代手绘名砚图谱逐渐增多，如乾隆年间的《宋砚谱》和《西清砚谱》，以细腻的笔法描绘了每方砚的平面图、立体图和侧面图。并注明尺寸、颜色、形制、产地、刻工和题字的字体、释文等。图文并茂，将图绘及说明发挥到了极致。日本书道教育学会编辑出版的《和汉砚谱》也是用线描绘制的砚图谱。（3）拓片。《阅微草堂砚谱》是清代纪晓岚的藏砚拓本集。《归云楼砚谱》是清末民国初徐世昌藏砚的拓本集。1979年，丁永源编撰了《鲁砚谱》，收集山东当时的鲁砚佳作拓片一百幅。这都是从清代到现代以拓片形式制作砚图谱的实例。（4）摄影。这是当今编撰石砚图谱最便捷的方式，但目前相关书籍只能作画册欣赏而不能作为研究资料。当然，也不乏学术价值较高者，如王念祥、张善文的《中国古砚谱》收录近二百方古砚，书中砚图以摄影为主，部分附有拓片，还有个别附有砚背图案。日本竹之内幽水所著的《古名砚图谱》共三册，每册均收录古名砚数十件，图版清晰，视图如睹原物，是追溯文房四宝在日本流转收藏的实证性资料。

梳理名砚图谱成果，我们不难看出，已有图谱主要针对端砚、歙砚而作。至于洮砚，目前所见最早为其制作砚谱者，应是明代的高濂。因为他在《燕闲清赏笺——遵生八笺》之五"论砚""涤藏砚法"之后绘制了二十幅砚图，并说："后砚图，皆余十年间南北所见。或在世家，或在文客，或落市肆，重索高资。鉴家未见，按图未必尽许为奇。"[1]在这二十幅砚谱中，有一幅为洮砚，砚形为长方形淌池样。题额为"洮河绿石研"，旁边描述文字曰："此洮河绿石砚也，光细如玉，无少差异，惟不及玉之坚耳，色如新绿，葱翠可爱，以之方碧，碧深而沉，以之方莱，莱淡而不艳，真砚中宝也。"[2]（图2-19）《西清砚谱》是又一部为洮砚描绘图像的宏著，以细腻的

图2-19　《燕闲清赏笺——遵生八笺》中的洮砚图谱

笔法描绘了一方旧洮石黄膘砚的正面图、背面图和侧面图，并附有"旧洮石黄标砚说"和"御制旧洮石黄膘砚铭"（图2-20），分别如下：

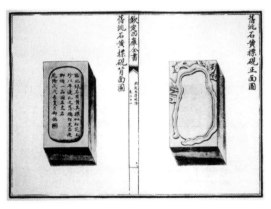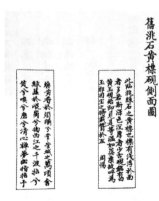

图2-20　《西清砚谱》中的洮砚图谱

---

① （明）高濂：《燕闲清赏笺——遵生八笺》，巴蜀书社1985年版，第78页。
② 同上书，第92页。

旧洮石黄标砚说

砚高三寸二分，宽一寸七分许，厚一寸。临洮石质，极细腻，面背俱黄色，中层微绿，颇类松花石。砚面刻为佛手，柑形，近蒂处为墨池，右上方缀小佛手柑，一梗叶掩映左侧，镌赞四十二字，右侧镌识语六十字，下有周惕二字，欵俱楷书，覆手椭圆中镌御题铭一首，楷书，钤宝一曰比德，匣盖并镌是铭，隶书，钤宝一曰朗润，查惠周惕吴县人。

本朝康熙年间，由翰林改官知县，是砚曾经收藏堪备，谱中逸品。

御制旧洮石黄标砚铭

临洮绿石，有黄其标。似松花玉，珍以年，遥比之旧端，郊寒岛瘦，聊备一品，图左史右。

惠周惕识语并赞：此临洮绿石之黄标也，标有浅浮于面者，多若斯，深色沉厚者少，古砚铭有曰，黄玉砚，殆即见是等温如蒸栗，故呼为玉耶，因宝之。特载赞于左：灿黄香于须弥兮，掌管城之万顷。含绿蕊于崐冈兮，掬西江之千波。拈兮，笑兮，嗅兮，磨兮，清心禅梦零指招予。[①]

民国时期，韩军一在其《甘肃洮砚志》"叙意"一节中有这样一段描述：

适近乡民间有良砚工，党明正、姚万福二君，辄来就予索阅砚图，因与推论取石、琢磨、削划诸法，并出示手边端、歙诸谱，任自选拣描画。党、姚治砚图样，悉有旧摹本，而犹喜命予能为绘

---

① 《西清砚谱》卷二十一，清文渊阁四库全书，第86页。

制新样。乃举宋人王安石玉堂新样绿石砚为其略述梗概：所谓新样者，不外从旧谱中新出之样。花样不必趋于习俗所欲，亦不可泥陷于古板样本。只须窥仿谱录图意，兼抚古砚制作法式，此为造砚者之所本。至形模思意，不必其定在于拔俗，而雕奏之力，则必不可失诸名家之椠。宋陈师道谢惠端砚诗有"琢为时样供翰墨，十袭包藏百金贵"句，谓制作必从时宜，质文所以迭用也。玉堂新样，为砚之佳，虽未可睹，必其意趣超逸，能不囿于常格，斯为世人所争传矣。二君为予琢出之砚，虽非新鲜，亦不著流俗市气。

韩先生的文字传递的信息是：第一，民国时期砚工手中原本就有旧砚谱作为摹本，但还是有获得新样的愿望；第二，韩军一曾以宋人王安石玉堂新样绿石砚为例给党、姚二人讲述自己对新样的理解和认识；第三，韩军一对制砚图样创新的认识是"不必趋于习俗所欲，亦不可泥陷于古板样本"，应该在深刻领会旧谱意图的基础上进行创新，强调了创新要以继承为前提的重要性；第四，党、姚二人在韩军一启发下制作的洮砚虽然并不新鲜，但已经避免了"流俗市气"；第五，民国时期洮砚图谱的继承与创新中，韩军一起了很大的作用。因为，他将手头的端、歙诸谱拿出来，让党、姚二人"任自选拣描画"。由此可见，端砚、歙砚图谱从那时起就对洮砚产生了一定的影响。

韩军一之后，相关研究中提及洮砚砚谱者甚少。但在本书撰写过程中，笔者得知卓尼县经济和信息化局退休干部丁耀宗[①]先生手头珍藏一本《洮石砚谱》。此砚谱除封面、封底外，共六十四页。其中图谱

———————

① 丁耀宗，笔名丁甲，丁子。生于1957年12月，临潭县新城镇人。于1980年甘南师范学校毕业后，在卓尼县文教局、科学技术委员会、档案馆等行政事业单位工作。曾在卓尼县地毯厂担任图案设计师五年。系洮州诗词学会会员，甘肃省诗词协会会员。爱好书法及绘画，喜爱散文及古诗词研究，作品散见于《洮源花树》《格桑花》《甘肃诗词》《卓尼文艺》《格律诗社》《长风秀墨》等杂志及微刊。2017年退休于卓尼县经济和信息化局。

图2-21　丁耀宗先生近照

全为纯手工绘制，非常精美。可惜，封面正好残损了绘制年代，作者信息也不明朗。但在采访时，老人讲出以下几段话，为我们描述了此砚谱的相关信息（图2-21）。

本册手工绘制的《洮石砚谱》出自临潭县新城镇东南沟村一个姚姓洮砚雕刻工艺师之手，具体名字不详。砚谱中封面的"万願堂"三字即本村的姚姓。据本村老一辈人传说，大约在清朝同治年之前，本村出过一位名声很大的洮砚巨匠，能上知天文，下知地理，精通阴阳五行八卦，常给人算命，为病人捉鬼驱邪，非常了得。所以新城周围的四路八乡人常常邀请他安宅看风水，为人消灾解难。

此砚谱是我们村一个名叫雍生瑜的老兄，于1972年我在临潭一中读书时赠送给我的。由于他书法写得非常好，我当时爱好绘画，而且我们是邻居加朋友，所以他就把这本砚谱赠送给我了。赠送时他说这是姚家先人们刻了砚台的图案，他也没处用，我又爱绘画，所以就给我。同时还有姚姓砚匠所刻的一方约12公分乘16公分的浮雕一龙闹海无盖小砚台也赠给了我。只是可惜那方小砚台我本人在1982年第三次人口普查时，带到大峪沟写生，放在冰固村一个牧民家了，再也与我无缘。

1985年我本人在卓尼地毯厂搞图案设计时，有甘肃省工艺美术社、工艺美术公司的几个人前来卓尼地毯厂参观。在我的绘图桌中发现了这本砚谱，当时翻了又翻，爱不释手。其中一个中年妇女是领导，临走时从我手中借去，她说要研究一下，也没打借条，只留了兰州详细地址。大约半年之后才给我寄到卓尼，同时送了一套三枚《西厢记》邮票，现存只有一枚。

这册手工绘制的砚谱中多处出现"寿山"二字，据现在收藏者和几位同好研究考证，推测出很可能是制砚者本人的名号印章。如每刻成一方砚台之后，在自己所绘制的图案中盖上自己的印章，以示一件作品大功告成，并作名记号。由于砚谱中还出现过其他人的名章及公用章，如"许殿臣"，"羊沙粮台军需总处"等，说明他又是一名治印之高手。

该砚谱是见证洮砚图谱流传的珍贵资料。在丁先生的支持和应允下，本书将此砚谱以附录形式刊于书后，以飨读者（见附录）。

绘制砚谱的优良传统被老一代洮砚艺人继承了下来，如李茂棣、包述吉、张建才都有自己绘制的砚谱保存（见附录）。青年一代的洮砚雕刻者们图案来源有便捷、广泛的优势，但在整理、绘制、保存洮砚砚谱方面不及老一代砚工。

毋容置疑，洮砚作为一种雕刻工艺，图谱的流传是这一工艺得以延续的主要途径。如果没有流传有序的图谱与粉本，长此以往，有些洮砚样式和题材、图样就会被淘汰、消失，或者在无序状态中偏离传统，在盲目的发展中失去传承的真正内涵。所以，无论是从洮砚人才的培养、洮砚教材的开发，还是洮砚文化的传承和保护来看，图谱的绘制、汇集和保存都势在必行，非常必要，应成为洮砚人共同关注的话题。

第三章　洮砚的工艺与制作

第一节　洮砚的工艺

一　执刀法

洮砚是雕刻工艺，所以，执刀的姿势和方法正确与否，直接决定了雕刻效果。在某种程度上，洮砚雕刻与其他雕刻门类的执刀方法相比，既有共同之处，也有小异。具体而言，主要有以下两种。

（一）拳握式执刀法

是五指紧聚作握拳状，将刀紧握手中的一种执刀方法。在洮砚雕刻中，如遇以下几种情况，则常用此执刀法（图3-1、图3-2、图3-3）。第一种是使用铲刀时用。铲刀主要用作大面积下体，所以，使用时需要将刀柄抵在肩窝处，借用肩部的冲力运刀。为了保证刀运行

 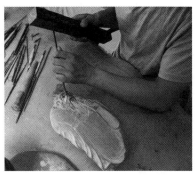

图3-1　拳握式执刀法（铲刀）　　　　图3-2　拳握式执刀法（凿刀）

的稳定性，必须右手握住刀柄与刀刃的接合部位。根据刀柄的粗细和所需力度的大小，握刀的松紧和用力也都不同。第二种是使用敲凿类工具时用。由于凿刀要用木锤或榔头击打，所以，一般是左手握刀，右手执锤。手中力量大小及松紧依据锤击力度与凿刀大小而定。第三种是雕刻时用。握拳式执刀法在洮砚雕刻时使用较少，但若遇到小面

积铲削，或遇到石钉等坚硬部位，又无需用铲刀和凿刀时，可用此执刀法使用小型刻刀完成。运刀时，刀柄略向外倾，主要是依靠腕与肘部的力量，使刀在石面上运行。拳握式执刀法的优点是便于发力，适宜于粗刻毛坯或

图3-3　拳握式执刀法（刻刀）

较坚硬的砚石，但不适合细微部分的表现。

（二）三指执刀、双手配合法

这是洮砚雕刻中常见的执刀方法，类似于手执钢笔，但五指伸展与刀杆同向前方。具体方法是靠拇指、食指和中指夹住刀杆前端刀头部位，刀杆后端紧贴虎口。无名指与小指根据需要，有时与中指和食指并拢，形成合力（图3-4）；有时支撑在砚石之上，控制运刀的速度与力度（图3-5）；有时小指与手掌侧面又一起紧贴石面，以求更加精细地掌控（图3-6）。由于洮砚雕刻中砚石较大，可以平稳地放置在工作台上，又因为在洮砚的雕刻中，多使用向前冲、铲等运刀方法。所以，

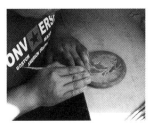

图3-4　　　　　　　　　　图3-5　　　　　　　　　　图3-6

这种常见的执刀方法在大多数情况下又体现出两个特点：第一是刀杆与砚面较少有相互垂直的情况，而是形成较小的夹角。第二是另一只手一直在配合执刀和运刀，要么以拇指助推刀杆，要么用中指垫于刀头之下，要么两个中指左右相合，将刀头控制在精准的范围之内。

在三指执刀法中还有两种特殊情况，一种是食指弯曲，勾住刀杆，与拇指相合呈环状，将刀杆的后端牢牢地卡在虎口中间，刀头又紧靠在中指内侧（图3-7）。另一种是五指均内勾，刀杆卡在虎口和中指与食指缝中（图3-8）。

总之，洮砚雕刻中的执刀方法根据情况，因人而异，并无定法，其中微妙之处又非语言所能穷尽。但上述两种也能代表洮砚雕刻执刀的普遍方法，即便是现在普遍使用的电动雕刻工具，还是不出这两种方法（图3-9）。这些都是洮砚砚工们长期实践的结果，其在运刀的灵活性、力量的可控性、雕刻的准确性、操作的便捷性等方面都是经得起检验的。

图3-7　　　　　　　　图3-8　　　　　　　　图3-9

二　运刀法

洮砚雕刻中常见的运刀方法主要有冲、切、割、铲、旋、挑、削等。

（一）冲

冲刀是一种刀杆与石面形成一定夹角，以刀的刃角入石后，利用指、腕力量，按既定的线路冲进的雕刻方法。冲刀之法可形成苍茫、老辣、富有韧性的线条。在洮砚雕刻中，冲刀应用非常广泛，常常与铲、挑等刀法混合使用。有时凿刀被击打形成的槽状粗线也是一种独特的正入式冲刀法。

（二）切

切刀的运刀方法是刀角入石后，刀杆按一伏一起的连续动作运行，使刀痕节节相连成线。在洮砚雕刻中，切刀法经常应用于墨堂内壁、盖扣边缘的修整，名款雕刻及部分图案雕刻当中。

（三）割

割刀，顾名思义，是指切断，截下，有划分出来的意思。所以，在洮砚雕刻中，割刀法往往有稳、准、狠的特点。由于此法一刀到底，所以，所割石面一般光滑平整，挺拔峻峭。

（四）铲

就是将砚石根据需要削平，铲法在洮砚制作中应用十分广泛，不仅不同形状、大小的铲刀在铲法上有所不同，就是同一把铲刀，也因用力大小、使用角度不同而有不同的铲法。铲刀法的要求是每铲一刀，中间不作停留，一气呵成，否则就会留下明显台阶。如数铲不平，需要补刀时，务必要快速准确。铲刀法在刻砚中多用来铲削、平整堂底、砚盖及图案的部分平面。

（五）旋

旋刀法是指运刀方向呈旋转路线的一种方法，主要用于雕刻龙鳞、花瓣等圆形、半圆形面积较小的图案。此法生成的刀痕自然圆润，不生硬。

（六）挑

挑刀法在洮砚中应用也较普遍，此法一般用刀虚起虚落，适合表现人物须发、龙须、凤羽等纤细的物象。

（七）削

削与铲、刮接近，但在用刀技法上要求轻、薄，达到未曾打磨而光滑洁净的效果。

上举七种均属洮砚雕刻的传统刀法，它们往往交互使用，故而能够千变万化。至于现代化电子雕刻工具的使用方法，虽然部分代替了人力，节省了成本，但在关键环节上，仍然离不开手工雕刻，也少不了传统的运刀方法。

三　基本技法

执刀、运刀方法的掌握是洮砚雕刻的前提和基础，但必须与实际的砚石及所要表现的对象相结合，才能够成为真正的雕刻作品。也就是说，面对不同的砚石、不同的图案，运用什么样的执刀方法和运刀方法，最终要达到什么样的艺术效果，才是洮砚雕刻的目的所在。而这就牵涉到洮砚雕刻的技法。从相关实物来看，洮砚雕刻中的技法主要有以下几种。

（一）阴线刻

即在石面上直接用阴线条刻出所需的图像。采用这种技法雕刻的洮砚表面没有明显的凹凸，图与底同处一个平面之上，营造的是一种平面空间。这种技法是我国传统的雕刻技法，历史非常悠久，在理念上与中国传统绘画是紧密相连的。其艺术效果是突出线条主体性，增强画面的流动性、节奏感和韵律美。在宋明洮砚作品中，可以看到阴线刻的运用较为流行。如明十八罗汉洮河砚，砚周环雕的十八罗汉像，就采用了白描阴刻的手法，线条明快简练，运刀苍劲圆浑，成功表现了罗汉神态各异，呼之欲出的形象。阴线刻在当代洮砚作品中得到了很好地继承，应用仍然非常普遍。

（二）浮雕

浮雕就是在平面上雕刻出凸起形象的一种雕刻技法，是雕塑与绘画结合的产物。由于浮雕利用压缩的办法将物象附着于平面之上，所以其空间构成既不同于二维空间，也有异于三维空间，只能在一面或两面观看。根据图像造型脱石深浅程度的不同，浮雕又可分为浅浮雕和高浮雕。

浅浮雕，顾名思义，就是所雕刻的图案和花纹浅浅地凸出底面。正因如此，浅浮雕具有以下两个特点：第一是对勾线要求较高，常以线面结合的方法增强画面的立体感。第二是浅浮雕起位较低，形体压缩较大，平面感较强，在很大程度上接近于绘画。

相对于浅浮雕而言，高浮雕是指所雕刻的图案花纹高高凸出底面的一种刻法，属于多层次造像，内容较为繁复。

（三）圆雕

圆雕又称立体雕，要求作者从前、后、左、右、上、下全方位进行雕刻，观赏者也可以从不同角度看到物体的各个侧面。圆雕在随形洮砚的制作中应用较多，尤其是仿生洮砚与观赏砚的制作中多用此法。由于洮砚毕竟不同于雕塑，不仅受砚石天然板状造型的限制，而且要考虑案头使用等要素。所以，仿生洮砚中的圆雕往往在外形上是圆雕的感觉，但实质上很难达到圆雕的真正要求。相比而言，圆雕技法在观赏砚的雕刻中能够取得较为理想的效果。例如在砚盖或砚边雕刻立体的造型。不过，由于圆雕是空间的立体形象，需要从四面八方去观看，这就要求从各个角度去推敲它的构图，要特别注意它形体结构的空间变化，强调"以一当十""以少胜多"，所以，既要掌握雕塑艺术语言的特点，又要敢于突破、大胆创新。对砚工的要求较高。

（四）透雕

把物象的某些部分刻透镂空，使之类似立体的圆雕，是一种雕塑形式。镂空雕也属于透雕的一种。

（五）薄意雕

是从浮雕技法中逐渐衍化而来的，它比浅浮雕还要"浅"，因雕刻层薄而且富有画意，故称"薄意"。著名的书画金石家潘主兰先生指出："薄意者技在薄，而艺在意，言其薄，而非愈薄愈佳，固未能如纸之薄也；言其意，自以刀笔写意为尚，简而洗脱且饶韵味为最佳，耐人寻味以有此境界者。"由于薄意雕刻刀法流利，刻画细致，影影绰绰，备受金石画家欣赏和推崇。近年来，洮砚砚工们也将此技法引入洮砚雕刻，并获得了较大的成功。

（六）剔地

是指用平刀或铲刀削刮勒线以外的空余石面，使物象、图案部分隆起的一种雕刻技法。剔地讲究把刀稳，用力均，刀向顺，轮廓清。凡自然形的石坯，剔地要随着石形之凹凸而起伏。

（七）打麻点

又叫打点子、砸麻点、剁土。就是用锤敲击锥形的凿刀，或直接手执凿刀，在石面上留下大小、深浅不一的小坑点。用以表现泥土、山石坑坑洼洼，参差不齐的效果。

总之，洮砚在千余年的发展历史中，积累了丰富的技巧和方法。尤其是在信息化的今天，砚工们在频繁的国内外交流中不断开阔眼界，在创作思路上不断拓展，由此也带动了在技法上的一次又一次创新。加之现代化机器的介入，雕刻技法已经非常丰富，其作品的创作也走向多元。一方面坚守传统，从古老的龙凤、箕形、抄手等样式中深挖洮砚作为文房用具的文化内涵，另一方面不断开拓创新，创作出了大批别开生面的精品力作，使洮砚文化呈现出百花齐放的繁荣局面。下面就几类代表性洮砚的制作工艺进行论述，以期呈现洮砚在传统与现代、继承与创新方面的基本面貌和当代成果。

第二节　洮砚的制作

一方洮砚的完成，一般需要选料、拓坯、开堂、取盖、合口、雕刻、打磨、上油等多道工序。而且，制作不同类型的砚，所遵循的步骤和程序也不完全相同。下面就以几种常见的洮砚为例，探讨其制作流程、工艺以及与之相关的设计、构思等问题。

一　箕形砚的制作

箕形砚是唐代流行的砚式之一，形似长方形箕，故而得名。又因砚尾两侧外撇，形似风字，所以，又名"风字形砚"。箕形砚砚堂成斜坡状，前低后高、前深后浅、砚斗着地、砚尾有砚足。唐代箕形砚主要有两大类，一类是砚面无折痕，另一类是砚面有折痕。前者一般呈弧形，前窄后阔，有锥形或长方形砚足。后者砚首及两边有折痕，砚额、唇沿呈弧形，平面一如斧钺。砚足多为梯形，亦有平底五足的。

箕形砚因其简洁温婉的特点备受人们喜爱。所以，在今天的洮砚制作中，仍然是砚工们乐于为之的样式之一。其制作流程与工艺如下。

（一）选料、设计、绘形（图3-10）。作者拟制作一方砚面无折痕，四周圆润的箕形洮砚。所选砚石为板状，正反面面积大小不一。根据箕形砚的特点，将面积大的一面用作砚面，面积小的一面留作砚底。

料选好后，根据构思在砚面绘制图形。在洮砚制作中，有一种较为常见的鸭蛋形，既可用作箕形砚的造形，也可用于其他砚的造形。其绘制也有一种简便的方法，即在中轴线上取距离适合的两点，分别作为圆心，画一大一小两个圆，之后，在两边分别做两条同时连接两个圆的切线，如此得到标准的鸭蛋形。一般情况下，为了不浪费石材，大圆的直径要以砚石最宽的部位为准。

图3-10　选料、设计、绘形

高水平的砚工，往往直接在石上落笔，一挥而就，也能达到即定的标准。

（二）下料、切割、磨边（图3-11）。按照绘制的图形，在切割机上将多余的部分去掉，并进行磨边，做出基本的砚形。石料下面部分残缺悬空部位，留作后用。

图3-11　下料、切割、磨边

（三）划边线、铲砚堂（图3-12）。用手直接当靠尺，沿砚边画线，再用铲刀刀尖复勾线条，然后铲砚堂。

图3-12　划边线、铲砚堂

（四）利用石料残缺设计砚足，让砚足刚好落在石料残破的边缘。左右对称都由手来测量（图3-13）。设计好后，雕刻砚足，同时完成底部粗形。

图3-13　设计砚足

（五）修边、细刻底部、细刻砚堂（图3-14）。

图3-14　修边、细刻

（六）打磨、落款、打蜡（图3-15）。打蜡时先利用太阳强光或吹风热风将成品砚加热后在表层打石蜡，石蜡受热后自然融化，形成一层透明的蜡膜附于砚表。

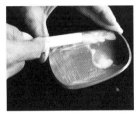

图3-15　打磨、打蜡

（七）全部完工（此砚由汪忠玉制作完成，图3-16）。

图3-16　成品

二　抄手砚的制作

抄手砚，又叫插手砚、太史砚，是宋代流行的砚式。抄手砚的砚底挖空，两边为墙足，可用手抄底托起。其形制延续了唐宋时期"规矩方直"的风格，外形端庄大气，雅致实用，是传统文人最钟爱的砚式之一。

抄手砚一般为长方形，其外形看似简单，但往往牵扯到砚身的长宽薄厚、边线的宽窄长短、砚底的深凿浅挖等问题。尤其是长、宽、高取怎样的比例最为合适，外形与内形，外线与内线如何在变化中求得统一，都是抄手砚面临的难题。

李铁民先生在其《砚雕艺术与制作》一书中对8个砚谱里的320方长方形砚的长宽比进行统计分析，最终得出的结论是："通常长方砚的长宽之间的比例在0.6-0.7之间。"[①]也就说，长方形砚的长宽比例整体上是符合黄金分割定律的。李先生还有较为详细的长方形砚比例换算公式，读者可详细查阅，此不赘述。

在洮砚制作中，长方形抄手砚或其他长方形砚并没有严格的比例界定。但砚工们却各有办法。如有些人以手的长宽比例来衡量砚的长宽；有些人以香烟盒为依据来决定长方形砚的比例；有些人则按照黄金分割点来确定比例；也有些人认为只要视觉上感到舒服即可，没必要过分严格。

长方形抄手砚的制作流程与工艺如下。

（一）选料、绘图、下料（图3-17）。选择上好的洮河砚石，画图时最大限度地应用砚材，避免浪费。绘制抄手砚的平面图，初学者必须找中轴线，有经验的雕刻师直接凭经验起稿。

图3-17　选料、绘图、下料

---

① 李铁民编著：《砚雕艺术与制作》，上海书店出版社2004年版，第23—26页。

（二）整坯（图3-18）。在切割出大的坯形的基础上，根据设计，进一步修整砚坯，使其在比例、造型等方面趋向精准。

图3-18　整坯

（三）勾砚堂线、勾砚底线（图3-19）。

图3-19　勾线

（四）开砚膛，去砚堂余石。完成砚池，细刻砚池（图3-20）。

图3-20　开砚膛、细刻砚池

（五）铲砚底（图3-21）。铲去砚底余石，粗刻完成后，再细刻。

图3-21　铲砚底

（六）打磨、落款、打蜡（图3-22）。

图3-22　打磨、打蜡

（七）全部完工（此砚由汪忠玉制作完成，图3-23）。

图3-23　成品

三　龙砚的制作

　　龙砚是洮砚的传统题材之一。关于龙砚，在洮砚当地还有一些神秘的传说。但客观来讲，中国的龙文化有着非常悠久的历史，其形象在砚中的出现并非偶然。从洮砚的发展迹象来看，龙形象的应用主要有两种情况。一种是以平面的、抽象化的图案形式用于装饰洮砚，洮砚砚工也常将其称为"古龙"。另一种是以立体的、具象化的写实形式用于装饰洮砚。

　　在洮砚中，立体化的龙砚究竟始于何时，现已无从考证，但至少自民国以来，已经较为常见。而前文所讲，20世纪60年代甘肃省工艺美术厂使用的《龙凤狮参考资料》，应该对洮砚当地龙砚的发展产生了较大的影响。

　　就现在看来，龙砚已经成为洮砚中的传统样式，在长时间的制作中，砚工们总结出很多经验，也有很多讲究和要求。

　　第一，龙的形象要求变化多端，各不相同。例如，做九龙砚，从整体形象上看，九条龙要有九个眼神、九个姿态、九个步伐、九个脸势。由于在传统当中，九是最大的数字，代表着尊贵，是与皇帝匹配的数字。所以，在洮砚中雕龙，以九条为佳。若数量超过九条，则不可避免出现雷同，也失去了文化内涵。

第二，龙砚雕刻讲究三破三显。三破，指龙要张破口、瞪破眼、撑破爪。三显，指龙腾云驾雾时，头部、腰部、尾部要显现出来。

第三，龙爪的做法，需注意两点：（1）先做龙爪后做云。首先把龙爪定位画好后，将云自然从龙爪指间轻盈的绕过，让龙爪紧紧地抠在云边上，由此表现龙爪与云之间的紧密关系；（2）龙爪一定要立起来，龙掌中要空，指尖要挺，从各部位体现一种力量、气势和风神，正所谓"威在龙头，力在龙爪"。最忌讳的就是龙爪软弱无力地平放在云朵之上，或像鸡爪一样耷拉下去。

第四，从龙的各个部位的表现手法来讲，也大有学问（图3-24）。如龙鳞（砚工俗称"瓦子"）的雕刻就有多种。最常见的有：（1）模仿凤凰、仙鹤背部翎羽而作，龙鳞形状略长，弧度处略尖，且在鳞羽中分布放射状线条；（2）模仿鱼鳞而作，形状较短，弧出处圆转平滑；（3）每片龙鳞被挖空，有一种插入龙身，富有立体感

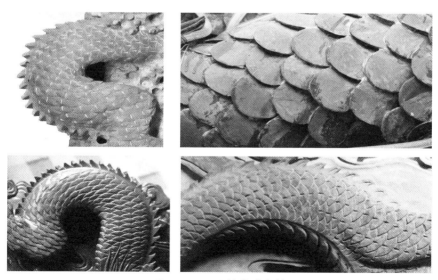

图3-24　不同样式的龙鳞

和张力的强烈的表现力；（4）阴阳相间的表现方法，这样做出来的龙鳞有些是耷拉下去的，有些是撑起来的。这几种破法（砚工将刻龙鳞称为"破"），克服了做龙砚时九龙一面的弊病。

第五，龙吐水的做法和要求：龙嘴要闭住，这样就使得水从龙嘴里喷吐出来时有一种冲破龙嘴向外喷泻的势。与此相应，龙的两腮也随之鼓圆，有助于表现龙吐水时的神态。另外，吐出的水多要因喷吐力量之大而与其他坚硬之物碰撞掀起层次浪花，使得水也成了表现龙的气势的必不可少之物。相反，若将龙嘴张开来吐水，则水是从嘴里流出而不是吐出，这样的水也不会激起浪花，龙的气势就会减半。

第六，二龙戏珠砚也是洮砚中常见的题材，其要求有：（1）这一题材的核心是"戏"，是表现两条龙在嬉戏玩耍，将宝珠吞进嘴里又吐出来，吐出来，又吞进去，你吐出来，我吞进去，如此互相打闹嬉戏，重在一个"戏"字；（2）两条龙的姿势有弓腰、翻滚，龙爪有朝背后撑起者，也有向前俯冲者，总之要按照美的原则使其美观大方，线条挺拔，生动有力；（3）"戏"字还表现在龙在嬉戏宝珠时的动态，往往是像书法的藏锋蓄势一样，先将身躯收缩然后蓄势而发，抢夺宝珠，眼神也是要时刻关注宝珠，就像猫伺机捕捉老鼠，饿狼扑羊一般。

第七，龙凤砚的要求有：单独的凤砚从武则天以后逐渐增多，因为，女皇自命为凤。在龙凤一起的砚中，基本遵循龙在上、凤在下，或是龙在左、凤在右的排列顺序，有着严格的规制。

第八，洮砚石料中也有一种天然的龙鳞，应该是一种化石，极为罕见，砚工们得之者，大多不忍雕刻，只将其供奉起来，用作观赏。

总之，龙砚作为洮砚中的传统样式，甚至一度是洮砚的另一别称。时至今日，尽管雕刻龙砚的人越来越少，但其在洮砚发展中的地位是不可替代。

下面就以王玉明的作品为例，重点介绍龙砚制作的几个主要步骤。

（一）设计、凿坯（图3-25）。

图3-25　设计、凿坯

（二）图案布局、开膛雕刻（图3-26）。

图3-26　布局、雕刻

（三）细刻配盖（图3-27）。

图3-27　配盖

（四）最终完成（图3-28）。

图3-28　成品

四　仕女砚的制作

仕女是绘画、建筑、瓷器等视觉艺术中常见的人物题材，在洮砚雕刻中，西施、王昭君、貂蝉、杨玉环及金陵十二钗都是砚工们乐于表现的形象。

下面就以洪绪龙的《西施浣沙砚》为例说明仕女砚的制作步骤与工艺。

（一）选料、下料（图3-29）。选料是砚雕的初始环节，也是关键环节，比如石料的薄厚、大小，都会决定一方砚的设计思路和最终效果。通常情况下，大块的上等石料非常稀缺，即便有，也多有石质不纯净，石形不好看等弊病。小块石料，大多能保证石质的纯净度，但往往不适合表现仕女题材。为了保证砚的品质，《西施浣沙砚》精心选取了水泉湾老水坑极品料，且体块较大。砚石上方有天然石纹，犹如悬崖峭壁，深山峡谷，左面纯净无瑕。

图3-29　选料、下料

根据石料的自然性状，作者将其设计成天圆地方的砚型，并切割出高29.5厘米，宽26.4厘米，厚5厘米的砚坯。

（二）在砚坯基础上，取平、磨光砚面、砚底。重点处理砚底，为后面的落款刻字做好准备（图3-30）。

图3-30　处理砚底

（三）设计、绘图（图3-31）。为了很好地表现西施的美与爱国精神，作者将她设计在画面左下角。表现西施在荷花丛中的木桥上一边行走，一边遥望的神情。砚石中的自然纹理，幻化出远处的悬崖峭壁和山间美景，营造了幽静的意境。

图3-31　绘图

（四）砚面下体，同时按砚形设计砚池、水池部分，并下体、磨光（图3-32）。

图3-32　设计砚池，下体、磨光

（五）用刻刀复勾线条后，先从荷花开始，逐步雕刻出前后关系和层次。在雕刻时，随时根据需要对局部造型进行修改，以求理想的效果（图3-33）。

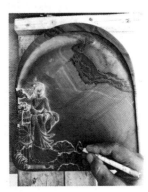

图3-33　雕刻层次

（六）雕刻人物服饰与面部（图3-34）。雕刻仕女要注意服饰所呈现的线条美以及由此形成的节奏感和韵律感；注意四季服饰在质感、体积、形制等方面的不同，并施以不同的刀法；注意人体的基本比例和结构。面部是人物雕刻的关键部位，不仅要符合面部结构和比例，而且要尽力表现人物的性格、身份和神情。

图3-34　雕刻细部

（七）砚底刻字落款，整体活面磨光打蜡完成（图3-35）。

图3-35　成品

五　圣贤砚的制作

在洮砚人物雕刻中，孔子、老子等圣人；李白、苏轼等诗人；关羽、张飞等英雄；伯夷、叔齐等贤达，都是砚工们乐于表现的对象。由于这些人物的所处时代、身份地位、性格特征、年龄特点、精神气质等方面都存在较大的差别，在砚石上的表现也存在很大的难度，同时也有一定的技巧和方法。下面就以李江平的《老子砚》为例，说明圣贤砚的制作方法与工艺。

（一）选择外形与所构思的人物形象相似的石料（图3-36，长20厘米，宽12厘米，厚4厘米），随形设计老子形象。用小型切割机切割出人物的基本造型。

图3-36　选料

（二）落图与雕刻交替进行，先刻出人物的大形，然后细雕头部、面部、衣服（图3-37）。该砚的重点在于人物神情气质的表现，所以，在须发、眉毛的表现上需格外用心，除分组得当外，线条的流畅、飘逸、工稳，都会影响到人物气质的塑造。微张的嘴巴，睿智的眼神，宽厚的鼻梁，高耸的颧骨，松弛的皮肤，都将一位手持书卷，欲言又止，将行未行的圣人形象刻画得准确到位，其内含的智慧也由此显得恰到好处。

图3-37　落图、雕刻

（三）用铲刀将身体部分铲出微凹的砚堂，并用油石打磨（图3-38）。

图3-38　铲出砚堂并打磨

（四）打蜡后，为了升华主题，特选择《道德经》中的部分内容，用工整的小篆刻在人物领袖及背部。除构成整体的装饰外，还标识了包裹在长袍下面的人体结构（图3-39）。

图3-39　刻文字

（五）进一步深入刻画人物的面部神情后，落款、刻印、填色（图3-40）。

图3-40　完善细节

（六）最后，调整、打磨完成（图3-41）。

图3-41　成品

六 儿童砚的制作

儿童是传统人物画中的题材之一，通常被称为"婴戏图"或"戏婴图"，到了唐宋时期，婴戏图表现技巧渐趋成熟，并达到高峰。因画面丰富、形态有趣而深受人们喜爱。在洮砚雕刻中，婴戏图也是砚工们乐于表现的题材。下面就以李国琴的《稚子情怀砚》为例，说明儿童砚的制作工艺与流程。

（一）选择喇嘛崖上层老坑紫料（图3-42）。石质非常细腻温润，上有天然石眼，层次分明，非常灵动。所以初步的设计思路是围绕天然石眼，力求充分利用天然纹路，让人工与自然完美结合，达到天人合一的最佳状态。

图3-42　选料

该砚石外形长方，于是，根据其自然形状，将两面磨平，初步完成整体长方、四角圆弧的形状。

（二）处理正反面及四周雏形，画初步设计稿（图3-43）。第一次设计意图为天然石眼似春天的柳絮，孩童趴在地上嘟嘴吹柳絮的萌态。根据设计图，完成第一次设计稿正反面效果。

图3-43　初稿

（三）第一次设计稿做出后感觉一个孩童有点孤单。所以，又进行第二次设计。增加了两个玩伴（图3-44）。

图3-44 第二次设计稿

（四）待三个孩童的雏型显现后，又感觉右下角有些拥挤，并且，随着砚体的下挖，石眼的圆晕也越来越大，一方面影响到右边儿童的形象，另一方面又自然呈现鹅卵形。所以，在第三稿设计中，便去掉了右边的孩童，同时，在左面增加了一只愤怒的鹅，伸长脖子去啄那撅屁股玩鹅蛋的孩童。等定稿后，用浅浮雕的方法将其雕刻出来（图3-45）。

图3-45 第三次设计稿

（五）画面主题形象雕刻完成后，精修五官，协调整体，刻铭勒款并以绿色填充。最后，用3000目的水砂纸对整个砚体进行抛光（图3-46）。

图3-46 完善细节

（六）配老栗木砚盒（图3-47）。

图3-47　成品

七　花鸟砚的制作

花鸟是洮砚的主要题材之一，下面以包旭龙的《鱼闹莲花砚》为例，对规矩圆形带盖砚的制作工艺做一个说明。

（一）选料、出坯、平整砚面（图3-48）。选取几面厚度一样的石料后，用圆形套筒切割出基本的砚坯，并通过粗磨，进一步平整坯形。

图3-48　选料、出坯

（二）将做好的砚坯在横向切割机上劈成两半，即为"取盖"（图3-49）。圆砚取盖时，一般遵循一个基本的比例，那就是若砚厚4厘米，则砚盖厚1.5厘米，砚底厚2.5厘米。

盖子取下来，用圆规找出圆心后，分别在底与盖相合的面上画上扣线。

图3-49　取盖

（三）画好扣线后，开始铲砚堂和盖子内堂（图3-50）。铲砚堂时，从子扣里线往进1.5厘米处再画一圈圆线，在砚扣与砚堂中间深挖一圈，状似水渠，故而又将这种砚叫"水渠砚"。砚堂铲好后，再铲盖子内堂。之后，通过反复扣合，对底与盖上的子母扣进行精确的修整，最后达到严丝合缝的效果。

图3-50　铲砚堂和盖子内堂

（四）盖合好后，开始包底边，也就是将砚底的边缘部分包圆，使其圆润饱满。之后再开底堂。这样有助于砚在桌子上平稳放置、减轻重量、便于手执移动等（图3-51）。

图3-51　包底边

（五）将选好的和砚盖大小、形状一样的鱼莲图用复写纸复印在砚盖上。为了雕刻时线条不被抹掉，一般要用刻刀将复印上的图案复勾一次。之后，开始粗雕，将图案以外的部分铲掉，使其低于图案部分。最后，进入细雕阶段，细雕又叫"刮活""破活"。主要通过雕、刻、刮、削等技法，表现出莲花叶、瓣的阴阳相背和前后翻转等层次关系。

图案雕刻完成后，用小油石打磨，之后再用一千度左右的水砂布打磨，总之，要非常精细才行（图3-52）。

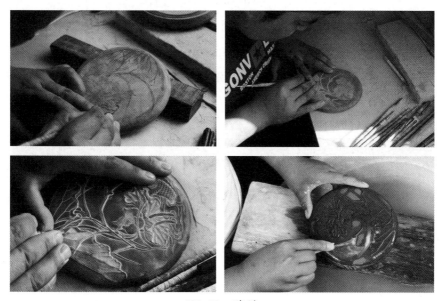

图3-52　雕刻

（六）最后，上蜡，完成（图3-53）。

图3-53　成品

八　山水砚的制作

由于洮砚石以黄膘、绿波著称，所以，其纹理往往会给人一种美妙的山水意象。砚工们也很容易受石纹、石理的启发，获得创作山水砚的灵感。下面就以张顺的《孤屿泛舟砚》和李江平的《古人山水砚》为例，介绍诗意砚的制作工艺。

（一）选料、修坯（图3-54）。洮砚的选料大致有两种情况，一种是根据设计思路在大量的砚石中选取理想者为己所用，这也是通常情况下的选料方式。而在现实中，还有一种情况是，在别人指定的砚石上进行构思设计和制作。这时，材料别无选择，只能因石造型，且要克服困难，弥补砚石本身的不足和缺陷。例如，此砚即是受人所托，砚石也仅此一块。且原石仅长21厘米、宽11厘米、厚4厘米，极其单薄。但去皮抛平后发现，倒置砚石的水波花纹酷似断崖。由此，作者构思，利用水纹布局，从一角一隅处入手，巧作文章。

图3-54　选料、修坯

（二）根据石纹，将砚设计为一位高士棹席蓬小舟于湖上，壁隐船尾，收桨若停，奉目新月。这样的题材，在前人绘画小品中最为常见。在此，作者意取孟浩然诗《登江中孤屿赠白云先生王迥》中"忆与君别时，泛舟如昨日"句。来表达诗人思念友人，无奈托意明月的内心世界。并将此砚命名为《孤屿泛舟砚》。

由于该砚作者张顺是绘画专业本科毕业，具有很好的绘画基础和艺术素养。所以，在砚面设计、意境营造、人物造型、空间处理等方

图3-55

面都体现出较高的立意和格调。

（三）根据构思落图、勾线。勾线时用刀亦如笔，要注意气韵。勾线后用铲刀、平刀、尖刀等剔地，将人物、小舟以外的多余部分剔除。然后，雕出图案大型之后，再进行精致的雕刻。这是石砚制作最重要的一个步骤。需要有良好的工作态度，因为有很多纹路复杂的图案，如果稍有不慎就影响整件作品。后期精雕细刻一定要用手工去完成。以刀代笔，以凿、铲、冲、刻，代表点、染、勾、皴。雕刻时要注意，不伤到旁边的纹路，走刀时要轻要控制力度，才能更好地完成作品（图3-56）。

图3-56　落图、勾线

（四）打磨完成（图3-57）。

根据设计需要选择目数适当的磨石，掌握好力度。打磨过程中要随时用清水冲刷以确定是否合适，觉得可以之后再用油石和砂纸来精确打磨抛光即可。而棱角分明的地方是不需要打磨的，一定要保留砚雕艺术特有的自然粗犷风格。

图3-57　成品

与《孤屿泛舟砚》相似，下面这方《古人山水砚》也是以山水方式来表现诗情画意，所不同的是前者为单砚，后者为双砚；前者巧妙地利用石纹，通过大面积的留白营造出一种空旷浩渺的意境，后者则合理利用黄膘，通过满构图方式表现出大山大水、层峦叠嶂的雄伟气象；前者在简约中追求一种诗的境界，后者则于繁密里体现一种古人山水讲求的可游可居之境。其制作步骤与前面所列作品无异。

（一）选料、出坯、落图、勾线。这一过程，尤其是构图落幅的过程，对作者的中国画能力是一种考验。从此作品来看，作者具有较高的山水画构图能力，对山水、树石、屋木的经营都比较合理。无论是用笔，还是用刀，线条都比较流畅生动（图3-58）。

图3-58　选料、出坯、落图、勾线

（二）雕刻（图3-59）。山水砚的雕刻不同于人物砚和花鸟砚，要在粗细、虚实、空间等方面反复推敲。尤其是如何将山水画中的各种皴法与刀法结合起来，在石头上得到合理的表现，对砚工来说是一个不小的挑战。由于该砚的作者长期学习山水画，有一定的实践经验，所以，在雕刻中能处理这些关系，得到较为理想的效果。

图3-59　雕刻

（三）盒盖，做砚堂，打磨。山水砚在打磨过程中也要注意不能面面俱到，不能将所有部位都打磨光滑，要通过轻重缓急，进一步增强山水的浑厚与苍茫（图3-60）。

图3-60　打磨

（四）调整完成（图3-61，此《古人山水砚》为李江平作品）。

图3-61　成品

　　总之，本节通过几种代表性砚的制作步骤的列举，在某种程度上使洮砚的制作工艺与流程文本化、图示化。这就使传统意义上师徒口头授受方式的私密性以及由此带来的传承的局限性稍有改变。本书限于篇幅，不能使这一问题走向深入，但作为引玉之作，希望能够引起学界重视，在洮砚制作工艺传承的文本呈现方面出现有价值的成果。

第四章　洮砚的鉴赏与品评

洮砚既是实用器，也是观赏器。所以，鉴赏与品评是洮砚文化必不可少的组成部分。从出土实物、文献资料、市场运营等方面的信息来看，自古至今，人们对洮砚的欣赏与品评主要体现在尚石、尚用、尚工、尚艺四个方面。

第一节　尚石

据《后汉书》载："宋之愚人，得燕石梧台之东，归而藏之，以为大宝，周客闻而观之。"[①]这就说明，我国的赏石文化具有悠久的历史。唐宋之际，赏石文化不断发展并达至鼎盛，众多文人墨客乐于搜求、赏玩天然奇石。除以形体较大而奇特者用于园林，点缀补景之外，又将"小而奇巧者"置于案头，以诗记之，以文颂之。从而使天然奇石的欣赏更具有浓厚的人文色彩。洮河砚石也正是在这一时期进入文人视野，并被激赏赞咏的。从现存资料看，历代文人从赏石角度对洮砚石的品评主要着眼于石色、石纹和石膘三个方面。

首先，在石色方面，古人最爱绿色洮石，并以"鸭头绿""鹦鹉

---

① （南北朝）范晔：《后汉书》卷四十八，"楊李翟应霍爰徐列传第三十八"，百衲本景宋绍熙刻本，第646页。

绿"为重。比如黄庭坚曾有"久闻岷石鸭头绿"①之句，足以说明"鸭头绿"在宋代已经成为洮砚石的代名词，且闻名朝野。正因如此，洮河绿石被赵希鹄认为是除端、歙二石外，北方最为贵重的砚材②，晁无咎则用"洮河石贵双赵璧，汉水鸭头如此色"③的诗句来强调其价值的不菲。到了清代、民国时期，绿色洮石仍然是被人追捧的对象，不过，从称呼上看，"鹦鹉绿"似乎成为这一时期的流行色。如清代朱彝尊的"东北之美珣玗琪，绿如陇右鹦鹉衣"④。吴镇的"初见洮水之砚石，鸲鹆斑点鹦鹉绿"⑤。民国人的"鹦哥佳色自洮来，压倒端溪生面开"⑥等都是很好的例证。从中不难看出，洮河绿石名气甚大，以至朱彝尊用"鹦鹉绿"来打比方说明珣玗琪的绿色之美。可以说，在洮砚的观赏与品评中，赏石是居于首位的，而在赏石过程中，其碧绿的色泽又是首当其冲的。除了绿色之外，洮石中另有紫、红、黄等色也为人所褒。如米芾《砚史》说洮砚中"有紫石，甚奇妙，……赤紫石色玫玉，为砚发墨过于绿者"⑦。明李日华《六砚斋三笔》说"洮河石三种：黄、白、碧，皆浅淡有韵"⑧。周瑛《翠渠摘稿》有"色幻黄绿"⑨的砚铭。陆深《俨山外集》也说洮砚"色有深浅，体有老嫩，猿

①　（宋）黄庭坚：《刘晦叔许洮河绿石研》，见《豫章黄先生文集》第五，四部丛刊景宋乾道刊本，第32页。

②　（宋）赵希鹄：《洞天清禄集》，清海山仙馆丛书本，第7页。

③　（宋）晁补之：《初与文潜入馆鲁直贻诗并茶砚次韵》，见《济北晁先生鸡肋集》卷十二，四部丛刊景明本，第56页。

④　（清）朱彝尊：《松花江石砚铭》，见《曝书亭集》卷六十一，四部丛刊景清康熙本，第583页。

⑤　转自祁殿臣编著《艺斋瑰宝洮砚》，甘肃民族出版社1992年版，第183页。

⑥　陈宝全：《甘肃的一角》，《西北论衡》第9卷第6期，民国三十年（1941）6月15日载。

⑦　（宋）米芾：《通远军觅石砚》，见《砚史》，宋百川学海本，第2页。

⑧　（明）李日华：《六砚斋三笔》卷三，清文渊阁四库全书本，第43页。

⑨　（明）周瑛：《翠渠摘稿》卷四，清文渊阁四库全书补配清文津阁四库全书本，第53页。

头斑、瓜皮黄、蚤子纹者为佳"①。

其次，在石纹方面，洮砚自古就被冠以"绿漪石"的美称，其中之"漪"者，水波纹也。可见古人早已被洮石纹理所打动。黄庭坚曾说"洮河绿石含风漪"②。陆游《剑南诗稿》有"风漪奇石"之说。《云烟过眼录》载《赵孟頫乙未自燕回所收》，其中洮石砚名曰"绿漪"③，当代赵朴初有"风漪分得洮州绿"④之句。水波之外，还有云气纹、鹊桥纹、水草纹等自然图案也都美轮美奂，成为观赏洮砚石的主要内容。

石膘是夹杂在石料矿体中的侵入物，与石料并非同时形成。故而石质松散，色泽也与石料有明显区别。古代文献常言"石标"，取石表标记之意。而在洮砚当地则俗称"石膘"，以动物体内脂肪喻之，可谓形象而贴切，并以"膘"论等差优劣，堪为洮石观赏中的第三个主要方面。石膘有油脂膘、松皮膘、鱼鳞膘、鱼卵膘、脂玉膘、蛇皮膘等。清代乾隆曾有"临洮绿石，有黄其标。似松花玉，珍以年逢"⑤的诗句，民国邑人也赞洮石曰"洮砚质如何？黄膘带绿波"⑥。

可以说，赏石文化的基本内容是以天然石为主要观赏对象，而石色、石纹、石膘，正是洮石作为天然石所呈现出来的极具观赏价值的外在品相。从上述诗文来看，历代文人欣赏、赞赏洮砚石的行为最终形成了崇尚洮砚石的集体认同，这即是本节所说的"尚石"。

---

① （明）陆深：《俨山外集》卷十六，清文渊阁四库全书本，第66页。

② （宋）黄庭坚：《以团茶、洮河绿石砚赠无咎、文潜》，见《山谷内集诗注》内集第六，清文渊阁四库全书本，第86页。

③ （宋）周密：《云烟过眼录》卷三，民国景明宝颜堂秘笈本，第21页。

④ 转自祁殿臣编著《艺斋瑰宝洮砚》，甘肃民族出版社1992年版，第222页。

⑤ （清）于敏中：《西清砚谱》卷二十一，清文渊阁四库全书本，第86页。

⑥ 陈宝全：《甘肃的一角》，《西北论衡》第9卷第6期，民国三十年（1941）6月15日载。

第二节　尚用

　　崇尚洮石天然外表是洮砚赏评中的主要方面，但从外在品相着眼的"尚石"只是认识洮砚之美的第一步。因为，作为精选出来的制砚石材，洮砚石不仅需要美丽的外观，更需要适合作砚的内在品质。

　　关于洮砚的内在品质，本书第一章曾有论述，其中所举历代文人对洮石内在品质的赞美之词，显然有别于对外在品相的赞誉。因为，他们对洮砚石赏评的两个方面各有侧重，并着眼于不同的价值判断。比如对洮石外在品相的赞扬更多是以观赏为前提，而对其内在品质的欣赏则是以实用为基础。也就说，洮砚石在外观与内质两方面都具备了制砚的条件，当其作为文房用具流入文人之手时，他们必然不会只停留在欣赏其色、纹、膘等外在特征上，而是要通过试用检验其优劣。由此，我们不仅可以理解苏东坡、晁补之、钱谦益等人只有使用过洮砚之后才能得出洮石"坚密泽""如坚铜""玉比坚"的结论，而且还能得知张文潜曾有在明窗净几的情境下试用洮砚磨出"秀润"之墨的经历；我们不仅了解到赵希鹄通过使用发现，洮砚"发墨不减端溪下岩"，而且知道蔡襄用过之后，觉得洮砚非常可爱，因为它"能下墨，隔宿洗之亦不留墨痕"。总之，通过使用，古代文人最后得出洮砚发墨利笔，细腻莹润，滴水不渗，倾墨不干等方面不在端砚之下的结论，并由此肯定洮砚的价值。这即是在"尚用"的视角下对洮石的欣赏与品评。

　　正因洮砚石外在品相和内在品质上的优点，古代文人还曾不断地对洮砚石产地进行描述，甚至猜测。洮石具有天然之美，也具有制砚的内在特质，但若任其自然，不事雕琢，终不能成器。所以，以"尚用"为前提的洮砚赏评，一方面来自于洮石的天然质地，另一方面又来自于人为的加工。这就牵扯到由天然石到人工砚的转换，而在这一转换中，首要发生的便是对石料形状的改变。从出土实物与相关研究来看，砚的造型非常多样，无论是最早的研磨器、研板，还是后来的辟雍砚、箕形砚、抄手砚；无论是素砚，还是随形砚，无不体现着华夏先民"制器尚用""器以载道"的造物精神。洮砚作为四大名砚之一，在结构、造型等方面所体现的实用功能以及使用价值，不仅与每个时代的其他砚种同步，而且凝聚着中国几千年的文化精髓、蕴藏着极其丰富的历史文化内涵。充分说明了崇尚实用价值的集体理念在砚文化发展中的辐射。

第三节　尚工

《考工记》卷上总叙云："天有时，地有气，材有美，工有巧，合此四者，然后可以为良。"① 也就是说，上应天时，下应地气，材料上佳，做工精巧，这四个条件同时具备，方可得到精良的器物。洮砚之所以成为名砚，除了其材质之美，也得益于做工之巧。

《说文解字》说："工，巧饰也，象人有规矩也。"徐锴注曰："为巧必遵规矩、法度，然后为工。"② 这就说明"工"至少有两个方面，其一是规矩法度，其二是巧饰。就洮砚而言，其"工"之规矩法度即是指形制，包括造型、结构、比例，巧饰即是指各种图案、纹样、铭款等。出土实物与相关资料表明，唐宋二代的洮砚虽以实用为主，但时值文学艺术的鼎盛期，文人墨客对砚台的喜爱、追捧和推崇，使其作为一种独特的文化衍生品占据文房要位，并在规矩、法度以及装饰方面不断完善。可以说，唐宋时期的洮砚，无论在形制，还是装饰方面，都追求一种严谨、简洁、大方、素雅的风格，体现了这

---

① 闻人军译注：《考工记译注》卷上，上海古籍出版社2008年版，第4页。
② （汉）许慎：《说文解字》，天津古籍出版社1991年版，第100页。

一时期砚的社会审美风尚。明清时期，洮砚式样和制作工艺均发生了很大变化。具体体现在以下几个方面。（1）砚形。除箕形、风字形、长方形、圆形、椭圆形等常见的砚形外。还有比较独特的砚形出现，如莲花风字形砚、莲花瓣头箕形砚、八菱形砚、蝉形砚、案形砚、砚砖、仿竹节形砚及各种随形砚。（2）图案。宋至清的洮砚图案有松、竹、梅、丝瓜、忍冬纹、云龙纹、瑞兽纹、龙、赑屃、麒麟、八仙人物、十八罗汉、应真渡海、蓬莱山、兰亭雅集等图案，主要分布在砚盖、砚边、砚身、砚首等部位。有些砚形本身就是图案，图、形一体，惟妙惟肖。（3）技法。洮砚自宋以来，就已经有了线刻、浅浮雕、深浮雕、镂空等技法。（4）铭款。洮砚铭款含篆、隶、楷、行、草五体，集书、刻于一身，是砚中的另一道"风景"。有关资料表明，唐代洮砚中即刻年款，宋后洮砚除年款外，还有较长的砚铭，字体较多，书法与镌刻水准都很高。

　　洮砚发展到今天，其样式与工艺不断丰富，在继承古代基础上，又有诸多变化。在砚形上，除传统的单砚之外，带盖的双砚成为洮砚的一大特色。而单、双两类砚中又有自然型、规矩型之分。自然型砚保留了石料的天然之美，因石造型，涵盖人物、动物、植物等，使墨池、水池、砚盖各得其所。规矩型有圆形、方形，扇形、瓜形、树叶形等。

　　在图案上，以龙凤为题材的传统图案如"龙凤朝阳""二龙戏珠""五龙闹海"等仍是代表性图案。除此之外，当今洮砚的图案已经非常丰富，凡宗教器物、谐音寓意、花木山水、飞禽走兽、亭台楼阁、佛道人物、民间故事等皆随砚工之思，立于砚上。近年来，一些具有地域特色的图案如敦煌飞天，还有领袖人物像以及反映当今重大事件的题材也被设计雕刻于洮砚之上。

　　在技法上，如今的洮砚雕刻融合了玉雕、牙雕的圆雕技法，砖雕、石雕的深浅浮雕技法和木刻、石刻的篆刻技法。加之现代化切割、雕凿工具的应用，使洮砚的镂空技术也在原有上下镂空之外新增了水平镂空。

在砚铭上，今之砚工及藏鉴者不比古代文人墨客，自书咏砚名句，自抒喜砚心声。而是临摹书家所题诗词歌赋、名家警句、座右铭、图案点题等镌刻砚上，或借用电脑生成的各种字体雕刻砚铭，或直接用雕刻机进行洮砚制作。

总之，随着洮砚式样的不断丰富，其雕刻工序亦更加复杂。从选料开始，中经出坯、下堂、取盖、合口、落图、透空、精雕、打磨、上蜡等环节。可以说，洮砚制作中的每个环节、每个技巧、每一处装饰，无不体现一个"工"字。而"工"的背后，不仅隐含着伟大的工匠精神，而且兼有实用与审美的双重因素。

第四节　尚艺

（唐）吴兢《贞观政要·政体》引唐太宗语云："玉有美质，在于石间，不值良工琢磨，与瓦砾不别，若遇良工，即为万代之宝。"这句话很好地指出良工与美石之间的关系。然而，如反过来讲，美石若遇愚工，也会留下万代之憾。纵观洮砚的历史遗存，我们不难发现，虽然古代实物甚少，但不仅有"工"，且能见"艺"。主要体现在以下几个方面。第一，做工考究，格调高雅。无论是罕见的唐代洮砚，还是为数不多的宋代洮砚，均造型严谨，法度森严，中规中矩，考究的做工，刻划出庄严大气的砚形和简约明快的装饰，给人以高贵、清新、雅致的艺术享受。第二，以刀代笔，传神写照。明清时期的洮砚装饰面积不断增大，有时甚至将图案布满全身。其中多以阴线刻突出线条本身的节奏和韵律，尤其是兰亭人物及十八罗汉等人物形象，生动传神，具有很高的艺术水准。其余花鸟、走兽、虫鱼等均活灵活现，传递着生命的跃动。第三，写景状物，营造意境。在蓬莱山砚与兰亭砚中，可以看到亭台楼阁、山水树石。作者用丰富的线条表现了楼宇的结构和山水的意象，营造出一个可游可居的境界。第四，宁方勿圆，宁拙毋巧。古代洮砚作品在雕饰方面充分体现了宁方勿圆，宁拙毋巧的艺术追求。由此避免了光滑、轻飘、媚俗等弊端。第五，不拘小节，纯朴自然。无论唐宋砚，还是明清砚，凡有装饰者，多不执着于不必要的细节，而是着眼于整个砚的气象。正因如此，有些形象往往在雕刻时放刀直取，自然率真，取得了质朴的效果。第六，极尽精微，以致广大。洮砚制作是一种工艺，而在这一工艺中，任何无工之艺与无艺之工都是不存在的。古人之作，不乏尽精微者，但其多能避免工而无韵的匠气，保持高雅的格调而不至流于庸俗和低俗。总之，从古代洮砚的实物来看，其制作者不仅具有高超的雕刻水平，而且有很高的文化内涵与艺术素养。正因如此，他们手中的作品以工达艺，又以艺显工，其艺术追求和理念，与中国传统书画艺术一脉相承，从整体上走的是一条文人之路。

然而，洮砚毕竟因石材产地偏僻而不能有序传承。所以，民国时期，韩军一在《甘肃洮砚志》中就非常遗憾地说："洮砚制裁，良工所传，久患无者，已荒远莫知人所归往。"正因洮砚很久没有良工传承技艺。所以，其制作中长期存在粗疏、不合法度、缺乏新意，并误将纤细的雕工，媚俗的格调当成上品来追求的现象。就拿民国来说，韩军一修《甘肃洮砚志》之时，便间接指出洮砚制作中的几种弊病。其一是流俗市气。在"叙意"一节中，他讲到砚工党明正、姚万福向他索阅砚图，韩军一遂将手边端、歙诸谱，让党、姚任自选拣描画。并为他们略述砚谱梗概。后来说，党、姚二君为他琢出之砚，"虽非新鲜，亦不著流俗市气"。此话从正面说明党、姚即为良工，从反面又说明当时的洮砚中普遍存在一种"流俗市气"。其二是过度雕饰，缺少淳朴。在"式样"一节中，韩军一论及洮砚的特色"石形带盖"时，说在砚盖外面，一般浮雕麒麟、梅花鹿等图案。但"此不过熟于样谱，所传极尽雕云镂月之能，转不若一云一月乃见淳朴"。其三是失于法度，不见古砚器局。同样在"式样"一节中，他说："各砚工手中所依样本，泰半陈故相因，复欠洁矩。虽有方圆中式，面鋬法多忽失古砚器局。"其四是纤纤细细，一味求巧。如他说"吾人仿古谱者，宁求悃悃款款朴以敦，不必纤纤细细，刻羽雕叶以见巧。若求其慧，反见其拙；失之则远矣"。其五是使用石材太薄。即其所说："斫砚之石，自宜厚而重，不宜薄而浅。厚则崇质，浅则荡漾，凭案浮动。"可见，韩军一多处流露遗憾之情，是因为，在他眼里，美石落入庸工之手，或虽工亦匠，或有工无艺，甚至工艺拙劣，都是洮石不可弥补的损失（参见本书附录《甘肃洮砚志》）。

新中国成立以后，洮砚得以复兴，其工艺在各级培训与交流中不断提升，涌现出一大批良工。然而，因过度装饰形成的繁缛之风，因透雕镂空导致的奢华之风，因盲目求大带来的浮夸之风，以及因纤巧细弱所致的媚俗之风至今犹存。而这些弊病的背后，则是长期以来重"工"轻"艺"、重"观赏"轻"实用"、重"外表"轻"内涵"的价值取向、审美观念及社会需求。近年来，洮砚从业者中间的有识之士已经注意到这些问题，并立志回归传统。其中具有代表性的如李茂棣，作为洮砚界唯一的国家级非物质文化遗产传承人，李茂棣对洮砚的工艺有着较高的认识。他认为，第一，"不是太光就是工艺美术"，"似像非像的砚才是好砚"，"砚也要讲究'韵味'"，"一方砚是工艺美术，但有些只有工艺，没有美术，没有美，那就是工艺品"。第二，"洮砚要发展，内部要互相依赖、学习，不嫉妒。在外要向端、歙等砚学习，但不能改变洮砚的本质，否则就像藏民穿高跟鞋"。第三，"活要做'活'。做'像'是匠人，做'活'才是大师。匠人就是'像人'"。第四，"雕刻人物必须注重其眼神和内心，刻什么人便要了解他的背景和心境"。第五，"刻砚要讲求合理性，如'天女散花'，天女在天上，但很多人将天女眼睛刻得很大，这就是不懂得'远人无目'的道理"。这些无不体现出一位洮砚艺人对洮砚制作的深入理解与认识。再如刘爱军，其从小接受的艺术教育，以及自己对传统文化的热爱和钻研，加之自身的天资和悟性，使他刀下的每一方砚都有着不俗的面貌。在他的作品中，观者不仅可以看到精巧的构思，而且能感受到他对中国书法、绘画中线条、笔墨、造型等语言的领悟和借用。正因如此，他的作品可以让人感到传统线刻在洮砚石上的重生。

由于洮砚石质、工艺等方面的价值，自宋以来，人们经常提到其贵重并谈论其经济价值，也由此掀起一场收藏洮砚、馈赠洮砚的热潮。在相关文献记述中，周瑛、陆深、高濂、叶方蔼、林儁、黄宗羲、梁清远、文信国等人都曾有过收藏洮砚的经历。《西清砚谱》是清乾隆年间记载皇家收藏的砚史著录，其中直观地说明了洮砚被皇家收藏并著录的情况。至今，在我国、日本、东南亚及世界各国，洮砚都因较高的收藏价值而为藏家所推崇。

作为文房之宝，洮砚在历代文人墨客的检阅与筛选中跻身中华名砚之列，并在与端、歙等砚的遥相辉映中尽显其美。可以说，石之于砚，互为你我，石因砚名，砚由石贵。自唐宋以来，洮砚虽然存世甚少，著文研究者也洁光片羽。但当我们从欣赏与品评的角度进行解读时，也可得出几个结论。其一，"尚石""尚用""尚工""尚艺"是古今洮砚赏评的四个基本范畴。其二，唐宋时期，以"尚石""尚用"为主，但受时代审美的影响，其作品又达到了很高的工艺水准，整体呈现了素雅的艺术风格。其三，明清之际，洮砚制作在唐宋基础上，"尚工""尚艺"。不仅扩大了装饰的范围，增加了雕刻的难度，丰富了砚形的种类，而且提升了洮砚的文化内涵和品味。其四，民国至今，精品洮石逐渐减少，使用价值逐渐退出历史舞台，洮砚以"尚工""尚艺"为主。一方面，时代审美与市场需求，使得洮砚向工艺品发展，逐渐远离了洮砚之所以为砚的基本特性；另一方面，文化的自觉与历史的使命，让洮砚又向传统回归，重新关注其作为文房用具的实用价值和文化承载功能。其五，"尚石""尚用"共同构成了洮砚的使用价值，"尚工""尚艺"一并成就了洮砚的观赏价值。此四者相合，才有了洮砚的收藏价值。

古谚云："笔之寿以日计，墨之寿以月计，纸之寿以年计，砚之寿以世计。"正因砚之寿可以世计，所以，洮砚的鉴赏与品评在很大程度上比其他文房用具来得更为直接和清晰。如果说洮砚的制作与工艺是砚工们"审曲面势"的结果的话，鉴赏与评述则是观者以逆向的视角对洮砚砚工"审曲面势"过程的回溯。而二者的相互回应，正是砚文化生生不息的内在动力与逻辑。

附录一

《甘肃洮砚志》

几点说明。

民国时期韩军一撰写的《甘肃洮砚志》，是有史以来第一部关于洮砚的完整论著，但一直没有出版，只有手抄本藏在甘肃省图书馆。

1992年，祁殿臣出版了一本洮砚的权威专著《艺斋瑰宝洮砚》，里面将《甘肃洮砚志》全文公布于众。但祁殿臣书中说其手抄本是在一位砚工家中偶尔发现的。从此以后，但凡出版的洮砚专著，几乎都附有《甘肃洮砚志》全文。但不同的作者对此手抄本的馆藏地说法并不一致。如李德全的《话说洮砚》中说此手抄本藏于甘肃省博物馆；王玉明的《洮砚的鉴别与欣赏》、沉石的《中国洮河砚》、包孝祖的《中国洮砚》中都说此手抄本藏于甘肃省图书馆；安庆丰的《中国名砚洮砚》中没有说明该手抄本的藏处，但公布了手抄本《甘肃洮砚志》封面及目次的图片。

2008年，甘肃省图书馆的李娜老师在《图书与情报》第2期发表了题为《为洮砚修志，扬洮砚之名——记韩军一及其〈甘肃洮砚志〉》的文章。其中写到该手抄本除了书前有武威丁旭载和梁溪孙金范两位先生写的序言外，共有叙意、史征、洮州、洮水、土司、石窟、途程、采取、石品、纹色、声音、斫工、酬直、式样、砚展、篇后十六门条目，近两万字。但祁殿臣的著作中只公布了十四节。

根据李娜老师文章提供的线索，笔者进一步研究手抄本原件后发现：

第一，从祁殿臣开始，所有附录《甘肃洮砚志》的著作中都缺少"史征"和"篇后"两节。而这恰恰是全文很重要的两部分，尤其是"史征"一节占该书篇幅的三分之一，是韩军一先生所用笔墨最多的部分。其中搜集了宋、元、明、清，直至民国时期有关洮砚的史料、诗词、砚铭等共42条，注明了作者及出处，并做了详细的注释。

第二，被很多洮砚研究者反复引用，或以历代文献选注等形式罗列的历代赞咏洮砚诗词，基本与《甘肃洮砚志》中"史征"一节相合。

鉴于此，笔者在核对原稿的基础上，将这一部分内容补录进去，并对之前著作中个别字词进行校正后，以附录形式刊登于此。一方面，还韩军一先生原文一个完整的面貌。另一方面，也为后来的研究者澄清一些错乱和误解。

《甘肃洮砚志》

韩军一书

时年八十有一①

几句说明　1973.10

①在旧社会里，这本手写稿内，有触犯语。又为反动政局、邪恶权势所见妒的有好几人，思想是进步的，也写在稿子里。因而长久未曾给任何杂、刊投稿显露。只有私家，激赏文物，或借稿抄写副本庋存。②解放后，打算用语体文，撷要改写，迄止今日，这一目的，也长期未能及时得当解决。③甘、川、（藏书比较对多）北京各地和卓尼图书馆，广庋古今，于地方史料有资裨助者，虽野乘粗陈，或可广

---

①　封面内容。

为采进，以备他时一旦需用而散忘了旧闻。想到这里，谨请核教！[①]

甘肃洮砚志全目（草稿）

甘肃洮砚志序文

序一

序二

甘肃洮砚志十六门条目

叙意

史征

洮州

洮水

土司

石窟

途程

采取

石品

纹色

音声

斫工

仇直

式样

砚展

篇后[②]

---

① 扉页上贴着一张纸，纸上内容就是这段说明性文字。

② 此为目录内容。另外，在目录页上，贴一纸条，上有张思温题注曰："此稿博取诸书有关资料，并亲履其地，得与见闻者，胥著于篇，言洮砚者，可谓详备，然尚有可以补充者，文字篇章亦有可商榷处，俟下期馆刊再酌用。张思温 一九八五年十月十四日。"

甘肃洮砚志序

丁　序

丙寅冬，予始获识韩子军一于春明。其人笃交而嗜古，雅爱重之。丁卯春，交既稔，昕夕过从，殆无虚日。乃出其所著《甘肃洮砚志》属余检校，且为序以弁其首。余既受而卒读之，见其考据精审，访采周详，窃自叹异：向虽缔交于韩子，而所以知韩子者，尚未尽也。谨按石之以砚名者，曰端、曰歙，洮石之质，介乎端歙，而其名则远逊，夷考其故，不禁慨然。凡物产于舟车交经之区，则其名易彰，而播易远。产于梯航难及之乡，则其名不彰，而播不速，物固有幸有不幸欤！陇上鄙处西北，关山险阻，而彼洮石之绿沉泽腻天然胎孕者，实不幸产于斯土，则其名之不若端与歙之彰，其播之不若端与歙之远且速，自不待论，此洮石之一厄也。虽然，龙泉之剑，不能长埋于丰城，卞和之璞，不能久委于荆山，天之生材，必有其用，而况洮石之绿沉泽腻天然胎孕者，足为文房之至宝，足供秘阁之清玩者哉。用是虽产于陇上，前贤颇已歌咏，惟断章遗句，终不敌端与歙之专书记载，故虽有耽嗜砚石者，言及洮石之音声色泽，终属茫然。遂使市者以赝冒真，而洮之实不见，购者以赝为真，而洮之名不振，职此之故，虽有超类轶伦之质，竟不能与端、歙之石争短长于文房。此洮石之又一厄也。之二厄者，石不克自谋，必待有心人出，为之代谋焉。此韩子军一所以有洮砚志之作也。嗟呼，鼙鼓之声不绝，砚田之岁将荒，趋时者流，竞欲投笔以逐中原之鹿，独韩子军一，矻矻于此，乐之不疲，诚有心人哉。或曰，西施、太真，不待揄扬而后美，洮石而信美者，有目共见，何以志为！余曰，不然，使西施、太真从无人揄扬之者，则亦如空谷之佳人，随草木以零落已耳。安能供凭吊于千秋，留声容于万世。今之洮石，苧罗之西施，宏农之太真也。不揄扬之，其何以膺妙选。然则韩子此书之作，非苟焉而已也。此书也出，将见洮石之绿沉泽腻天然胎孕者，从此声价飞以腾，而端、歙有不足贵，流播远且速，为端歙所不能追，负贩者无以售其奸，收藏者无所致其惑，为文房之至宝，供秘阁之清玩，俾洮石千有余年之厄运，一旦挽回，宁非世间一大快事耶！虽然，物之产于陇上，其名湮灭不彰者，岂第洮河之石，安能尽得有心人如韩子者，一一为之志，而使其名得彰于当世也哉。因慨然书此以为之序。

中华民国十六年三月武威丁旭载序于宣南之秋水寓庐

孙　序

乙丑仲夏，遇韩子军一于京师。予与军一、总角缔交，苔岑结契，陇中一别，忽忽已十五年矣。予学既不修，德亦未进，性难随俗，独醒弥忧。适遭意外，避地全身，沉冤在抱，良友欣逢，刻烛论文，煮茗话旧，军一出其所著甘肃洮砚志，属任检校之役；且以弁言为责。时方竞异，君乃抱残。文献将绝，顽石奚重！予濒年奔走，学殖荒落，君之作，既不足见重于人，仆之文，复不克发抒伟抱，其亦可以已乎！虽然，焦桐和璞，无识斯悲，结绿青萍，得名乃著。况国粹有将丧之忧，金石多沉埋之感，吾辈躬逢其会，当思振兴之方，洮砚虽古已见称，而流行至今未广，采取有临渊之惧，考据乏寿世之书。重以视同禁脔，稀若凤毛，若不公诸当世，何以企图传播。近顷日本文人后藤石农，复有展览名砚之会，益增吾人不克自谋之羞。则军一是书之作，不特结同志翰墨之缘，亦所以扬吾国文化之光。予虽不敏，又何能辞！是为序。

乙丑秋梁溪孙金范识

甘肃洮砚志
开封韩军一考述·稿
叙　意

石之可为砚者，有广东端州石，安徽歙溪石及甘肃洮州绿石。

117

甘肃旧属之宁夏及阶州，亦皆产砚。《明一统志》："成县黄蜃洞中有砚石，其色青黄，其形夭矫若蜃然。"而名驰今古受人品藻者，厥惟洮河之绿石。端砚、歙砚，代有通人著述，约如：《文房肆谱》，宋苏易简撰。其卷三为砚谱。《砚史》，宋米芾撰。海岳精翰墨，日以砚相亲。此史，于端、歙石辨解甚详。所论用品、性品、样品、皆从亲历所得，非揣摩臆度之作。《端溪砚谱》，旧题宋叶樾撰。论石性、石色、石眼、石病及砚价、形制。《歙砚图谱》，宋唐积撰。书分十门，为：采发、石坑、攻取、品目、修斫、名状、石病、道路、匠手、攻器，所记悉备。后来各家撰谱，皆以此推衍之。《砚笺》，宋高似孙撰。记端砚、歙砚、诸品砚。《砚谱》，宋李之彦撰。李，一字东谷，浙江永嘉人。并著《东谷所见》，记古砚故事。《歙砚记》、《辨歙砚说》，未著撰人名氏。记石之出产、品类、形制、纹晕等条。《春风堂随笔》一卷，附《歙砚志》一篇，明陆深撰。专记歙砚。《砚录》，清曹溶撰。为端溪砚石而作。分：山川、神理、采凿、品类、别种、辨讹、鉴戒等七门。于采砚、造砚、试砚，叙述备详。录后附朱竹垞《说砚》。凡此砚谱著录及宋、明、清以来诗人之咏端、咏歙者，流布广远，不可悉举，历代名家，莫不共相传睹。至洮河绿石砚，亦文房所珍，而为上述各家所略。书既简，说亦阙，尚未闻有知洮砚者考其品状，记其出处，发其殊胜，归入砚史，实亦艺林中之一缺事也。纵有见于题咏可以诒示吾人者，亦不过佚闻散言，出之于诗词杂说间，讴吟所发，考征未周，抑且讹误迭见，各自不同，未足为鉴。即洮州旧《州志》，亦只单词片语，略而未详，世之有心洮砚者，仍未可究知洮砚之实，此固予之所为绻绻往来于胸中者数十年而竟至不能忘者。民国十年（一九二一年），予初识卓尼杨子余先生于河州（杨子余，名积庆，以卓尼土司官兼洮岷路保安司令。喇嘛崖洮石窟，为所领辖），每与语及此意，彼此尝有同感。盖产石之区，舟车难及，虽有珍珉，其美莫彰。吾人若不附志以行，则久将无考，必亦随诸寻常瓦石零落湮灭已耳。殆民国十三年（一九二四年），予再以参事挂名河州镇守使署，小驻未久，曾遍访故家，或就阅坊肆间，凡洮砚之经属意者，心窃识之。河州、洮州、临洮（临洮即狄道），均相毗近，贩砚小商，往来不乏，而求其石之绿沉，镌工形制无失者，并未数数觏也。未几即返汴梁省母，旋复寄迹首都，虽时形困顿，而好砚如故，于故宫及各图书馆辄过往无虚。耳目所接，见闻较多，有自备遗忘者，虽微文碎义，罔不随得随记，笔之于书。洮砚之志，至此已粗具考订。然犹虑稽之未详，尚未及产地身亲考查，殊非可草草即以完篇。吾友丁旭载、孙润生两人，时方在京，遂以此将成而未成之手稿，请为题序，以弁诸首。其序中关情予之所志，并勉予奋笔之意，具殷切之至。民国二十三年（一九三四年），余自太原第五军（军长李服膺）参谋辞职回甘，尘装甫卸，即以暂编秘书随同邓宝珊军长查办双岔寺土官与唐隆郭哇争双岔大林案（双岔与唐隆，在临潭西南。郭哇为头人之通称）。因是多年企望，方得一过洮西。逢子余先生，复促予洮砚志之作。然职司所系，未能逗留。又后三年　（一九三六年，民国二十五年。）予再至洮州，于是从平日所道于口者，而得亲至喇嘛崖石窟中周历考查矣。此行赖党、冯二君，致之以力，有足匡古人所论之失者。而宋明以来，稽古采今，探原竟委，循实而考之者，又适可置予为第一次先驱者。昔人书中知而未确者，至此乃不能眩疑于我而谬托于词矣。是年流连于洮城，奄忽数月，洮砚之志，至是始得延续成篇。一己宿愿，乃克以偿。惜子余先生，已归道山，怅触中怀，不能自已。适近乡民间有良砚工，党明正、姚万福二君，辄来就予索阅砚图，因与推论取石、琢磨、削划诸法，并出视手边端、歙诸谱，任自选拣描画。党、姚治砚图样，悉有旧摹本，而犹喜命予能为绘制新样。乃举宋人王安石玉堂新样绿石砚为其略述梗概：所谓新样者，不外从旧谱中新出之样。花样不必趋于习俗所欲，亦不可泥陷于古板样本。只须窥仿谱录图意，兼抚古砚制

119

作法式，此为造砚者之所本。至形模思意，不必其定在于拔俗，而雕
奏之力，则必不可失诸名家之椠。宋陈师道谢惠端砚诗有"琢为时样
供翰墨，十袭包藏百金贵"句，谓制作必从时宜，质文所以迭用也。
玉堂新样，为砚之佳，虽未可睹，必其意趣超逸，能不囿于常格，斯
为世人所争传矣。二君为予琢出之砚，虽非新鲜，亦不著流俗市气。
予得藉砚田之磨炼，思于灌溉自修之中，能作出长养克己与努力为学
之工夫耳。予于离洮之后，自民国二十六年起（一九三七年）即从朱
子桥先生（名庆澜）逐岁办赈，辗转天水、徽县、两当间，设立赈济
委员会抗日战地运送配置难民站。（时为民国二十八年五月）救赈事
务，运配往来，已匆无暇暑，对于砚石之好，卒不如往日之胃心寻索
矣。窃所谓志者，乃纪事之通称。与史之有褒贬者，本为两途。洮砚
志，记洮砚之事，应本其事而直书以记之。予以砚关考述，凡散见于
他书可以备见闻、资引用者，并力搜罗，褒损悉入，名为洮砚志，乃
亦洮砚小史。夹叙带写，系以史实，事鄙亦登，取其实，不取其文，
凡有事可相证，或需连类并及，而言又有所妨者，则别为附注或小注
誊于行间。如入原书之注，则标出原注二字。若有注辞较整，或较为
繁碎者，则另述于每节之后。容亦有于记载之外，观风征俗，兼及得
失而私立语论者。因此，既不能拘于通常史、志之例，则务求阅者易
于参互寻原，一览而得。不为臆说，不待复绎他书为准。此志之旨，
义取乎是。而编排取次与文字芜漫之处，自亦无一可惬。视之为方物
类杂记，或变体缀杂之砚志，都无不可。大抵导游，杂志之作，不难
于博采，而难于征实。此志，足迹所涉，见闻所及，一书名、一人
名、一地名、一事一物，都实而未虚。如其有沿误与纰缪之处，尤望
鉴阅者匡正之。

史　征

一、（宋）赵希鹄《洞天清禄集》云："除端、歙二石外，唯

洮河绿石，北方最贵重。绿如蓝，润如玉，发墨不减端溪下岩。"
（韩注：苏东坡书研赠段玘云："研之美，止于滑而发墨，其他皆余
事也。然此两者常相害，滑者，辄褪墨。"盖洮石砚亦然。若滑不拒
墨，涩不留笔者，即佳石也。东坡又云："砚之发墨者必费笔，不费
笔，则退墨。二德难兼，非独砚也。"）然石在临洮大河深水之底，
非人力所致（注：相传石逢河水激涨，浮水而出。石未治时，皮如
松，或有鱼鳞之状）。得之为无价之宝。耆旧相传虽知有洮砚，然目
所未睹。今或有绿石砚名为洮者，多是澧石之表，或长沙山谷石（韩
注：澧石之澧，有作澧或黎者，皆镂本之误。澧石出九溪、澧溪。表
淡青，里深青，紫而带红，有极细润者，以之磨墨，则墨涩而不松
快，愈用愈光，而顽硬如镜面。间有金线，或黄脉直截如界行相间
者，号紫袍金带。宋高宗时戚里吴琚曾以进御，不称旨）。又说：
"澧溪石，产于常德、辰州间，石表为淡青色。澧石润而光，不发
墨，堪作砥砺耳。"据此之说，则洮砚之稀世，直绝无而仅有矣。

韩按：《洞天清录集》，凡一卷。分古琴辨、古砚辨等十门。赏
鉴家据为鉴别古器之指南。但辨析源流、援引考证者，并不尽为确凿
也。余知澧溪有一种洁石，似甚细密，类未如洮，恒制为砚以惑人。
然磨墨水塞，愈用愈不发墨。真洮州石，虽纹、色、粗、润不同，但
以手细细摩之，皆隐有铜铩，故多善发墨。又，《扪虱新话补遗》云：
砚之发墨者，谓石精润，能发墨之光华尔。砚虽经年不涤，旧墨尘
积，但磨新墨，用之愈见光彩。如此方名发墨。若平常石砚，不去旧
墨，则败腐不堪用矣。发墨有如此两说，并附述以存之。

二、（宋）苏东坡写，《鲁直所惠洮河石砚铭》："洗之砺，
发金铁，琢而泓，坚密泽，郡洮岷，至中国。弃于剑，参笔墨。岁丙
寅，斗南北，归予者，黄鲁直。"见《东坡续集》卷第十。

三、（宋）戴嗣良罢洪府监兵，过广陵为东坡出所夺西夏刀剑，
东坡命晁无咎作长诗三十八句赠之。其二十七、二十八两语为："东

坡喜为出好砺，洮鸭绿石如坚铜。"此二句，曰洮石绿如坚铜，有神
会心得之妙，非不知砚者之所能道者也。又第三十七、八两句为：
"从公请砺归作砚，闻公尝谏求边功。"此谓洮石可砺，愿请归以作
砚也。全诗见《维杨志》及《济北晁先生鸡肋集》第十卷古诗。又
《永乐大典》卷之八百二十二，诗话六十四第三页，亦入此诗。而将
戴嗣良作戴良词，此为误矣。

四、宋人黄山谷诗云："久闻岷石（或作岷右）鸭头绿，可磨桂
溪龙文刀。莫嫌文吏不知武！要试饱霜秋兔毫。"此山谷句其友刘晦
叔索取洮河绿石砚所咏。

韩注：刘晦叔，名昱。以诗咏砚，而引起欲言之事，颇见山谷兴
致。诗收《豫章黄先生文集》中。亦入《狄道州志》。可见洮石砚为
山谷如此赏心。"桂溪龙文刀"，"饱霜秋兔毫"其字句来处，以及
岷石或作岷右，则另见《山谷诗集注》卷六。

五、（宋）黄山谷《以团茶、洮州绿石砚赠无咎、文潜》。此
七言长诗一百三十六字，笔势纵放，尽所欲言而止，其中赠文潜洮州
绿石砚诗，有"张文潜，赠君洮州绿石含风漪，能淬笔锋利如锥。请
书元祐开皇极，第入思齐访落诗"。全诗入《豫章黄先生文集》及
扫叶山房石印本《古今诗选》。亦见谢无量《中国大文学史》第四
编。《山谷诗集注》卷六，谓："含风漪"，为借言洮研之温润。
"锥"，笔尖如锥也。"思齐"，以比宣仁太后。"访落"，以比哲
宗。宣仁为英宗之后，哲宗立，宣仁摄政，尊为太皇太后，称其为女
中尧舜。

按：黄鲁直、张文潜、晁无咎、秦少游，为苏门下最知名之四学
士。四人者，世又谓苏门之客。

六、（宋）黄山谷《以古诗谢王仲至惠洮州砺石、黄玉印材》诗
曰："洮砺发剑贯虹日，印章不琢色氽栗（或作蒸栗）。磨砻顽顿印
此心，佳人持赠意坚密。佳人鬌雕文字工，藏书万卷胸次同。日临天

闲鬏真龙，新诗得意挟雷风。 我贫无句当二物！看公倒海取明月。"
诗见《山谷诗集注》卷六。王仲至，名钦臣。"烝"，淳美之义。
"鬏雕"，言鬏发凋残。"鬏真龙"，以言群骢也。

韩按：洮州，秦汉为戎狄地，晋为吐谷浑所据，后周置洮州，隋
为洮州郡，唐陷入吐蕃。宋熙宁初，王韶上平戎策，西羌与夏人率属
十二万口内附（见明陕西监察御史张雨《边政考》），并累破羌众，
洮西大震。洮、叠、羌酋，皆以城附。（叠读门）以王韶知熙州事，
兼经略安抚使，筑熙州（即临洮）诸关砦，以断塞生羌。可见其时，
边民氏族，汉字初兴，器用未备，仗械相寻，不习书翰，焉知用砚，
自不可得而言砚也。王韶本负文字之名，于洮石砚容或留心，亦胸臆
中事，但未见有史可验也。黄山谷闻洮河捷报，寄诸将诗有："汉
得洮州箭有神，斩关禽敌不逡巡。将军快上屯田计，要纳降胡十万
人。"史乘记事，尝泛指汉族外之吐蕃，匈奴，吐谷浑，四川地方羌
族诸氏族，统称为胡人。再援据黄山谷《晁以道研铭》（注：晁说
之，字以道，一字伯以，济北人，自号景迂。有《景迂生集》、《嵩
山文集》行世），铭谓："石在临洮，其所从来远矣！毁璞而求之成
圆器者，鲜矣！"是砚之鲜少，及其民俗习玩不同，皆其明证。迫宋
之后世，文字语言，已大趋嬗变，昔以洮石为砺而发剑者，始因文字
之递进，乃得以截砺之法，进而以言镌研，此亦自然可至之事。别如
《渭南文集》，陆务观《蛮溪砚铭》："斯石也，出于汉嘉之蛮溪，
盖夷人佩刀之砺也。琢于山阴之镜湖（陆，山阴人），则放翁笔墨之
瑞也。质如玉，文如觳（音斛，绉缔丝织之物）。则黟（音黳，安徽
黟县）。龙尾之群从，而溜（滑溜意）。韫玉之仲季也。"是由砺而
及砚者，必随民间之进化与文学之流变，乃可得之。固非一世一纪而
可顿成为砚者也。洮砚固鲜，故为宋人所宝。而研之佳者，在宋世杀
伐之际，实不多睹。好砚者，以为难得，乃作诗为铭，以推扬之，则
宜乎其为稀世之珍矣。东坡有言："事不目见耳闻，臆断以为有无，

123

可乎！"予以洮石为砺当早在洮研之先为说，亦如是云尔。

七、宋，宁宗嘉泰间，张孝祥作李周翰所藏洮石铭（原注：周翰，蕲州人。中洲乃其隐号也）："出河西之结绿（结绿或为结绿之误！），荐中洲之隐君，盖未始用吾力也。不必发于硎，若夫砥节砺行，不见其颖，则所以表一世而无群者耶。"（附注：硎，音形，砥石也。《庄子》："刀刃若新发于硎。"磨石，粗为砺，细为砥。颖作锐利解。）此以洮石为砺而写之为铭者。

韩注：张孝祥，字安国，乌江人。唐张籍七世孙。幼时敏悟。读书一过，再阅成诵，下笔顷刻数千言，学者称为于湖先生。《四部丛刊》有《于湖居士文集》。

八、（宋）张耒，字文潜，淮阴人。以黄鲁直惠洮河绿石，作《米壶研诗》，有"洮河之石利剑矛，风澜近手寒生秋"句。

九、（宋）范石湖《嘲峡石诗》，二百二十字。其二十三、二十四为："端溪紫琳腴，洮河绿沉色。"则兼咏洮石者。

附注：范成大，吴县人，号石湖居士。

十、（宋）济北晁先生《鸡肋集》卷第十二有晁无咎初与文潜入馆鲁直贻诗并茶研次韵七言古诗十八句。有句云："洮河石贵双赵璧，汉水鸭头如此色。赠酬不鄙亦及我！刻画无盐誉倾国。"此即《砚林集》所云有以洮河砚赠晁无咎者。

十一、（宋）济北晁先生《鸡肋集》卷第三十二有晁无咎以洮研易贾彦德所藏端研。因以铭之。铭曰："洮之厓（厓与崖通。洮石在崖，不在水，厓字贴切），端之谷，匪山石，惟水玉。不可得兼，一可足温。然可爱，目鸲鹆，何以易之，鸭头绿。"此又《砚林集》所谓晁无咎以洮砚易端研事也。

十二、（宋）吴兴许采，字师正。自言："为儿时已有研癖，所藏四方名品，几至百枚，最佳者有蔡君谟端溪砚一圆。名之为景星助月。蔡又得二石，一以分予，玉堂样，色绀青，类洮河石。面有十数晕，甚宜墨。而不知石所从出。"见《图书集成砚部》纪事。只此"类洮河石"四字，乃知洮石之为砚，在宋时颇已称为佳物，与端溪研尝相对举，所以识者，往往爱之。

注：蔡襄，字君谟。宋，仙游人。著有：《茶录》《蔡忠惠集》等。

十三、（宋）洪咨夔，《平斋文集》卷第六洗研诗："自洗洮州绿，闲题柿叶红。一尘空水月，百念老霜风。钝菊凄犹蕾，颠桃艳已丛。斡流千万变，谁实主鸿蒙！"

韩注：洪字舜俞，于潜人。历官监察御史，刑部尚书等，有《平斋词》《平斋文集》。均入四库全书，在成都时，毁邓艾祠，告民曰："母事仇雠，而忘父母。"乃更祠为诸葛亮。曾劾罢枢密院薛极。父见其疏，极有所称，曰：以直言正人非，汝可无忧也。吾能吃茄子饭矣。洮石砚，得与此一代诗人相见，亦可喜也。因有关洮砚史，特述其一二事。

十四、（宋）陆游诗："玉屑名笺来濯锦，风漪奇石出临洮。"（原注：张季良寄洮砚，何元立寄蜀纸。）

陆游，字务观。所著有：《渭南文集》《剑南诗稿》，南宋四大诗家之一。

十五、《砚谱》，凡一卷。不著撰人名氏，杂录砚之材产，故实。似南宋人所为者。中有"洮河出绿石，性腴，不起墨，不耐久磨"之说。《古今图书集成》亦载此说。盖洮石为砚，非出一源，不材之物，往往崩落路旁，人但能至其处，野石偏地，皆可拾取，故人自为说耳。

十六、（金）雷渊，字希颜，浑源人。官翰林修撰。有洮石砚诗："缇囊深复有沧州，文石春融翠欲流。退笔成邱竟何益，乘时直欲砺吴钩。"

十七、金人元好问，《赋泽人郭唐臣所藏山谷洮石砚》。其诗云："旧闻鹦鹉曾化石，不数鹝鶒能莹刀（音劈、题。其膏可莹刀也）。县官岁费六百万，才得此研来临洮。玄云肤寸天下偏，璧水直上文星高。 辞翰今谁江夏笔！三钱无用试鸡毛。"题下原注曰："研有铭云：王将军为国开临洮，有司岁馈，可会者，六百钜万，其于中国得用者，此研材也。研作璧水样。"见《元遗山诗集笺注》卷之三。

注：元好问，号遗山，太原秀容人。诗文规模李、杜，学者辄喜传诵，所著金史，尤彰闻于后世者。余著如：《中州集》《二妙集》《鹤鸣集》《拙轩集》《续夷坚志》等，不尽举。皆为一代文献之萃。

十八、（金）吉州冯延登咏"洮石砚"云："鹦鹉洲前抱石归，琢来犹自带清辉。芸窗尽日无人到，坐看元云吐翠微。"见《古今图书集成》砚部艺文。此诗，不直指洮石砚本义，而用鹦鹉、翠微等句，烘出洮石绿沉于诗中。又妙在诗稳，词意可寻，此岂山谷所谓不易其意，而造其语之换骨法乎。

注：延登，字子俊。见《金史》忠义列传。

十九、（元）赵孟頫，有：端石辟雍砚，名曰大雅。又圆端砚一。又洮石砚，名绿漪（音伊，水波纹）。如古斗样。古济砚，有"神品"朱字。制极精，然滑不受墨，均见《吴礼部集》。

注：赵孟頫，字子昂。赵承旨，松雪道人，皆其别称。

廿、（明）董其昌《筠轩清秘录》论砚云："端石之亚，有洮河绿石。"

廿一、（明）李日华《六砚斋笔记》云："洮河石三种，黄、白、碧，皆浅淡有韵。今人指深绿麤石为洮，非也。儿辈阆肆，得一卵子研，四旁皆蜡色，明透类玉尘，面有二圆晕，如蛤肉。所谓鸡公眼也。"竹懒铭之曰："于阗之河，洮去不远。玉之支庶（韩注：言如昆山之玉），散布流行，千波所淘，万沙作碾。斸（音竹）霜无声，兴云有渰（音奄，云气湿润曰渰），每一启匲（匲亦作奩，音廉，谓砚匣也），白虹在槛。"李日华，别字竹懒，所谓碧者，洮之石色。黄白者，洮石之臕也。生圆晕者，石益滋饶，最为少见。洮石今未闻以有眼称道者，于阗产玉，在今新疆南部，正当昆仑山北。洮水出西倾，西倾山为昆仑之支庶，故云于阗之河，洮去不远也。李竹懒工于书画。其笔记中论书画者十之六七，词旨清隽。然大抵喜为赏鉴，而疏于考订。所记洮河石三种，亦偶为当时得意自恣之笔，而未及精心深考，故所云卵子砚，鸡公眼者，皆不免有难于征信之叹耳。六砚斋笔记凡四卷，又二笔四卷，三笔四卷。

廿二、（明）诸生，吴景旭，字旦生，浙江武康县前溪人。著有《南山自订诗》。另在其所著《历代诗话》、《唐诗卷中》之中，以王建红砚旧说，立论发挥，以伸其未竟者。今略引原著于此，可为洮河石之所以名于世者又一历史笔据。以下节录《西溪丛语》旧说，及吴旦生红丝砚辨证诸说。《西溪丛语》曰：王建《官辞》："延英引对绿衣郎，红砚宣毫各别床，天子下帘亲自问，官人手里过茶汤。"恐是用红丝研江南李氏时犹重之。欧公《研谱》以青州红丝石为第一，此研多滑不受墨，若受墨妙不可加。王建集中有作工研。又作洪研，皆非也。吴旦生曰：《说文》："砚石，滑也。"《长笺》云："训滑何？滑训利，利犹厉也。"与研摩同义。故曰石滑也。世但解坚泽为滑，则不可通矣。通谓研为砚，墨盂也。高者曰台，穿者曰瓦。青州红石砚一，洮河石二，端溪石三，歙州石四，蒌村石五，皆石也。有玉，有金，有磁，有漆，其类不一，石其常也。故从石。古但作研。又苏易简作《文房四谱》，研为首，以青州红丝石为一，斧柯山第二，龙尾石第三，余皆在中下。虽铜雀台古瓦砚列于下品。特存古物耳。《东观录》云：红丝石出于青州黑山，其理红黄相参，二色皆不甚深。理黄者其丝红，理红者其丝黄。其纹上下通彻匀布，渍之以水，则有滋液出于其间。以手磨拭之，久而粘著如膏。若覆之以匣，至开时，数日墨色不干。经夜，即其气上下蒸濡，著于匣中，有如雨露，自得滋石。而端，歙之石，皆置之中行，（行列也）不复视矣。《研谱》云：红丝石研者，须饮以水，使足，乃可用。不然，渴燥甚。

韩注：观以上吴旦生诸说，述红丝砚之精腴（音俞），固已大备。吾博稽群说，故多旁见偏出之文，殊似纷庞。顾虽杂乃不失其实。又取洮河石为二之说而伍之，仅次于青州红丝石。端与歙尚逡居三、四。一经品评，虽不及青州红丝，而又过于歙之石。吴语虽引诸研说，而亦自能分辨高下，语意乃相得也。盖洮石佳者，颇含铜铔，故发墨锐利，不减于端、歙诸石。而若覆之有盖，则贮墨可经久不耗。并兼有青州黑山（山东、临淄）红丝诸石润泽之美。列洮石为二者，信于洮石则未妄评尔。

廿三、（明）洪武中，曹昭（字明仲，松江人）《格古要论》，写本中卷论古砚，其后有王佐（字功载，吉水人）增订本曰《新增格古要论》、十三卷，编古砚论、异石论、古窑器论为一卷，有淑躬堂木刊本。编次杂乱无绪，不及文澜阁传钞旧本远甚。但于每类各条，仍载旧本原述。其记洮砚云："尝闻洮河绿石，色绿如兰，其润如玉，发墨不减端溪下岩石。出陕西临洮府大河深水中，甚难得也。"

廿四、（明）陈霆，字声伯，德清人。著《水南集》十七卷。因又称水南先生。有《黄秀才端石砚》五言古诗十二联，句中有："十年苦未穿，寸笔聊自耕。洮河产纹绿，歙溪掘深青，嗟彼庸陋徒，夸品论输赢。"云云。宋、明咏砚诗，往往得句与洮河绿石，可见当时诗人笔底于洮石砚甚见嘉赏也。

廿五、（清）乾隆间，沈青崖洮砚诗云："洮水来西壃，钟灵产绿沉。孰云用武国，偏有右文心。湍濑疑浮磬，荣光类跃金（此二语，指石浮水而出之意。盖石本不浮，湍急使之然也）。肌如蕉叶嫩（端石品佳者有蕉叶白）。色比栗亭深。鳞迹传骊窟，波纹宝墨林（指石有松鳞水纹之状）。从今怀寸璧，助我老来吟。"按其诗意，清初时，此砚仍不易得。沈青崖，秀水人，曾任西安粮道，甘肃兵备道。著有《狄道志稿》。西蛮，即西倾山。绿沉句，用石湖诗意。

廿六、（清）嘉定，唐秉钧《文房肆考图说》卷之三砚说云："陕西临洮府，洮河绿石，色绿如蓝，其润如玉，发墨不减端溪下岩，此石产于大河深水中，甚难得也。"

《文房肆考》又说："绿石砚，出洮州。"

廿七、（清）朱彝尊（号，竹垞）《曝书亭集》，《松花江石砚铭》："东北之美珣玗琪，绿如陇右鹦鹉衣（鹉音武，同鹉。亦读母）。琢为平田水注兹，三真六草无不宜。"

廿八、（清）得天居士，咏砚诗有"东南之美珣玗琪，翠若陇右鹦鹉衣"句。洮石色绿如鹉，洮人俗称鹦哥石。故诗人每依鹦鹉以喻洮石。

廿九、（清）吴镇（字信辰），在《马衔山玉篇》有"初见洮水之砚石，鹡鸰斑点鹦鹉绿"句。

按：洮石无所谓鹡鸰斑点，此或初见有斑点之贺兰青石砚，而误以为洮水石者。

三十、（清）光绪三十三年《洮州厅志》："洮砚石出喇嘛崖，在厅治东北，距城九十里。（中略）其崖西临洮水，磴道盘空，崖畔横凿一径，缘崖而过，其石即于径侧凿坑取之。向犹浅。"（下略）

按：《洮州厅志》为州人包永昌著。编纂记事，置言慎简。

三十一、（清）道光间，浙江乌程张鉴（字秋水）《冬青馆乙集》、《后奉华堂研歌》，歌中有："我闻德寿日写经，一百九研同繁星。采来宁向洮河绿，琢出浑似端溪青"。（下略）。此歌，以洮河绿、端溪青，共誉华堂研之美。

按：华堂研，前、后两奉其歌。

三十二、（清）光绪戊甲年（光绪三十四年）上海出版《清仪阁研铭集拓》中，刊洮砚图一方。砚为嘉兴张叔未家藏。并手刻其吟咏于砚首。

按：张廷济，字叔未。晚号清仪老人。善书。有影印《清仪老人真迹》行世。

三十三、（清）高宗（乾隆弘历）御题洮砚一枚，据观砚上所镌树木画，仿佛是南宋时所造。题诗有"洮石虽然逊旧端"句。

韩注：见大公报练君，新书介绍伦敦出版之《中国艺术论集》。

三十四、（清）吴士玉，《松花江绿石研歌》："松花江水鸭头绿，宝气熊熊孕绿玉。翠蛟飞涎喷浸足，谁探珠宫斫鳞屋。片璧截来光眩目，元公长啸诗兴新。宝物落手如有神，漪漪含风洮州珉。玉堂洗出蛮溪春，书房惊起歙州龙[①]。拂拭试近亲玉案，青青圆荷跳珠乱。（研作卷荷形）易水松肪剡溪蔓，擘破碧烟初染翰。波涛惊翻扫电光，欻穿溟涬接混茫。"（欻音物）。剡读炎，浙江剡溪。

韩按：吴士玉，字荆山，吴县人。康熙进士，官礼部尚书。为诸生时，即以能文名。著有《映剑集》。《映剑集》，本《庄子》则阳："吹剑首者，映而已矣。"剑首者，剑环头小孔也。以口吹环孔之谓。松花江绿石研歌，见江左十五子诗选。又见扫叶山房石印精本作吹剑集，字虽误，义可通。"涟涟含风洮州珉。"石之美者曰珉，此视洮石为绿玉也（映读薛，谓吹剑首小孔，而发小声也）。

三十五、（清）余怀《砚林集》云："有以团茶洮河绿石砚赠晁无咎者。"（晁古朝字，与鼂通）。又云："济北晁无咎以洮河砚易贾彦德所藏端砚。"均载《昭代丛书》。

韩按：晁补之，字无咎。宋人，少聪明，善属文。十七岁从父官杭州，萃钱塘山川风物之丽，著七述以谒通判苏轼。轼先欲所赋，读之叹曰：吾可以搁笔矣。由是知名。举进士，官礼部郎中，出知河中府。家有归来园，自号归来子。才气飘逸，工书画文章，有《鸡肋

---

① 韩文中缺"书房惊起歙州龙"句。

集》《晁无咎词》，见淳安应绍，杨侣刘撰，《历代藏书家考略》。

三十六、（清）黄宗羲，号梨洲，又号南雷，余姚人，为清初三大学者之一。所撰《南雷诗历》，《史滨若惠洮石砚诗》云："古来砚材取不一，海外羌中恣求索。今人唯知端歙耳，闻见无乃太迫窄。水岩活眼既难逢，龙尾罗纹亦间出。遂使顽石堆几案，仅与阶砌相甲乙。犹之取士止科举，号嘎雷同染万笔。鸡舞瓮中九万里，鼠穴乘车夸逐日。吾家诗祖黄鲁直，好奇亟称洮河石。既以上之苏子瞻，复与晁张同拂拭。欲使苏门之文章，大声挟洮争气力。吾友临洮旧使君，赠我一片寒山云。金星雪浪魂暗惊，恍惚喷沫声相闻。欲书元祐开皇极（山谷赠文潜句），愧我健笔非苏门。"

三十七、（清）钱谦益，号牧斋，常熟人。著有牧斋《初学集》、《有学集》。以保砚斋名其居。藏书颇富。有：《洮河砚歌为刘君作兼呈宋中丞祖舜》。歌曰："君不见，本朝舆图轶秦汉，洮河今为国西岸。肃慎楛矢恒来庭，丁零牛羊可併案。洮河之研玉比坚，踰羌绝寒来幽燕。广厦细旃曾贮此，抱罕西倾在眼前。白山小奴游魂久，传烽渐近登津口。高丽茧纸阻职贡，鼍（音驼）肌岛石烦戍守。老夫捧砚自踌躇，拂拭还君三叹余。岂知飞檄磨崖手，牍背相随狱吏书。"此洮石砚曾为牧斋亲手捧视，凝睇赏咏，而得于其心者也。但其诗歌，多涉诽谤，乾隆间，曾毁书禁行。

三十八、（清）光绪季世，（约光绪三十四年）先父韩赓阶，在甘肃农工商矿局及甘肃劝工总局任坐办时（兰州道彭英甲为总办），曾以上品洮砚大小六枚，大者标明白银价十余两，随同各特种手工艺品，玻璃，制革，绸缎，裁绒毯，铜钱器等，列表解送北京农工商部陈列馆作首次成绩展阅。见《甘肃官报》。

三十九、（清）宣统元年，安维峻等纂《甘肃新通志》，有："洮石砚，出洮州。"云云。

四十、民国十五年，余于北京武英殿古物陈列所，得睹明叶文庄读书时自用洮河砚一枚，心略领之。嗣据说明：知此砚供叶文庄研用最久，清芬逸韵，并无所损。相传至今，颇为叹异，宜吾得此展观之幸。

四十一、民国三十六年，陈宝全著文论洮河石砚。[①]

四十二、《四库全书》，《西清砚谱》卷二十一，有：旧洮石黄膘砚。

附：以上史征，除续稿散失外，大略已述完。

洮　州

洮州为古代先民弯弓跃马之战区。宋、明间于此用兵尤多。如在迭州之北，拉家寺、纳郎寨等地，古城故垒，今犹若可见。清置洮州厅。民国复旦。改称临潭县（韩注：县西南古儿站，有古洮阳故城。东汉时，羌攻临洮，马防救之，诸羌退据洮阳）。东西广一百三十里，（华里计）南北袤一百五十里。东接岷县，西南界洮岷路巡防司令部所辖藏民区（巡防司令部，在旧土司官衙门内）。距兰州省会四百五十里。中古以前，为禹贡雍州域。秦汉为诸戎地。晋为吐谷浑所据，筑旧洮城。后周武帝逐吐谷浑，置洮阳郡。唐初为洮州，后改为临洮郡。李晟出大胜关，至临洮破吐蕃即此地也。唐改郡后领县一，曰临潭。唐末复陷吐蕃，宋大观间收复，改称洮州。自秦汉，迄金元，其间废置无常。明洪武初，隶河州卫，置洮州军民千户所守之，专以防番。自番民内附后，遂为西番门户（按：旧称曰西番。今立国为共和，理无种族歧视，称番人应为藏胞）。西控藏番（西番，唐称吐蕃），东蔽湟陇，极边防之重镇。今汉藏交通，畅达无阻，临潭新、旧两城，迄为买卖牛马、商务会辏之要市焉。

---

① 此句后，原文被人割去两行，具体内容不明。但祁殿臣《艺斋瑰宝洮砚》第191页有陈宝全文，可参照。

洮 水

洮水一名巴尔西河。源出临潭县西南之西倾山（按：西倾山为昆仑山中支之支脉。禹贡有析支，析支即西倾山。距县城西南一百一十里。一名蟭台山，又名西蟭山。藏名迭桑巴山。又名呼儿干山、光硇山、皆为一山，特以道径所出入，藏人随地异名耳）。经县南东流，蜒宛曲折入岷县，又折而北入临洮县（即旧狄道县）西南境。盘束山中数百里，沿途容纳小河流二十余道，如：宗丹河，末邦河、东峪河，红道峪诸水皆汇之。然后始经临洮城南，又西北入皋兰县境，合湟水注于黄河。水之上源，在夏河县极南边境外思牧地，名漒川，出口即名洮河。又《沙州记》：洮水出漒台山，漒台即西倾也。故洮水亦兼有漒川之名。以其西接黄沙，又谓之沙漒。又《水经注》：洮水与蜀白水俱出西倾山。洮水东北流经吐谷浑中，又东北经狄道，又北至枹罕（今临夏县），而入于河。蜀汉姜维与魏将郭淮，夏侯霸战于洮西。洮西即此洮河之西也。洮河于严冬之季，因地高流疾，水势激奋，乍冷之初，冰桥未成，先结冰珠，珠大如冬青子，累累相积，尽满河际，故俗谓珠子凌。又名，麻浮洮水，又称洮水流珠。为洮州八景之一。诚亦山川风物之佳话也。

韩注：洮阳八景中，亦有洮水流珠。今临洮县古称洮阳，清为狄道州。州志所载：洮水一名恒水。洮阳俗称小西天。冬月水流冰珠云云。王维新咏洮水流珠五言诗：冬月河流急，浮波珠粒粒，不劳象冈求，自有鲛人泣（《记事珠》云：鲛人之泪，圆者成明珠，长者成玉筋）。又有吴松崖先生所赋长句：流澌寒月溅崇巅，化作明珠颗颗圆，笑杀鲛人空泣泪，摩尼光射小西天。诗见《临川阁集咏》。予自游至斯土者，如珠如珞之粒粒，身亲古人所咏者而阅见之矣。

土 司

洮州土司官杨积庆，又字子余。于清光绪二十八年，承袭世袭指挥佥事兼护国禅师。民国十年，以土官兼任南路游击司令，归河州镇总兵官笼领。民国十二年为河州南路巡防军统领，民国十七年，晋为洮岷路保安司令，直隶甘肃省政府。民国二十六年，杨复兴袭土官职，仍兼洮岷路司令。日行常务，由原参谋长杨一隽签行摄代。历年承理土务，安定藏区，选拔民兵，尚属尽力。所管地方为四十八旗，共计五百二十族。洮砚崖石，现仍归卓尼土司官衙门管理，禁人毋得私取。卓尼族名，又以名其地，天然风景，亦最瑰美。出卓尼南门，山翠水绿，颇足娱目。南门外路傍，有地甚广，植红柳数万棵，为土官杨子余向所力殖者。其地旧有三句里谚，至今沿诵其言。谚曰：扯巴沟犏牛，拉力沟木头，卓尼族丫头（按：丫头一词，见刘宾客诗）。扯巴沟所产犏牛，骨力殊异于常。拉力沟产松木，坚实不裂，结疤少。在卓尼西南边角，沟逶长约一百二十里，木材盛，多油松，山岭嶙峻。土官喇嘛，禁止砍伐。卓尼女，什九得山水自然之胜。其地葱郁清旷之气，使人陶然自乐，居之久，固甚有益于其聪慧也。旧谚虽俚俗，已可想见其地风土之美，至今，恒供人以为美谈。喇嘛崖石头，亦卓尼名产，连属即可凑成四语矣。藏文马尾松曰"卓尼"。卓尼于永乐二年（一四零四年），依马尾松树建寺，即以卓尼名其寺，名其地，又名其族。

小注：陕西河州镇总兵官，于民国九、十年间，方改立为河州镇守使。民国八、九年段祺瑞执政时，在全国独留此一武职官名，时政得失如何，不可备知矣！河州镇为挂印总兵，印为银，狮为纽，正方形，库平重六十两。

石　窟

洮砚石窟，向有多处，如喇嘛崖附近石壁，青龙山连界诸山（注：青龙山，亦名青岭山），水城右边邻接山中　（注：纳儿境地，山围水绕，即洮州八景中之水抱城庄。亦简称水城。其地藏、汉族共处，居民才十一家）。皆有佳苗，各能觅得治砚之石。石之优恶，并不止于一窟一孔。然开发最早，石质清润可贵者，惟喇嘛崖老石窟资用为著。喇嘛崖老窟，自宋代已采其石，石之清标，多在他山之上。故晁无咎有洮之厓铭（按：厓与崖、涯，古文通用。"洮之厓"者，犹言洮水边也）。今洞口高七尺余，洞广长七丈八尺，洞深一丈五尺。居喇嘛崖山之腰，洞外边际，崖如峭壁，势极峻拔。上至山巅五十多丈，下与洮水亦三十丈余。乔松周偏山陂，一望密茂，高下无垠际，皆桢干材也。且产麻黄、大黄、党参、甘草诸药。自远瞩望，三峰峙立，屹然若喇嘛僧帽，故曰喇嘛崖。从旧窟北行，转小湾角，约三四十步，有新窟两处，取石未久，洞亦不广，洞前崖边，平置紫石两大条，饶可为制砚用材。旧窟之旁，立有石刻"喇嘛爷神碑"。凡持有洮岷路巡防司令部官文劄书来此取石者，得先与常住纳儿之包总管接洽妥帖，然后由总管通知达窝土民，方可如期持器来打石头。打石之前，必先照旧例宰羊一只，祭祀"喇嘛爷"，采石者诚以求之，则"神"将相之，土人启之，石乃兴发。如是所取之石，当不至过于粗楛，而且不至击碎击裂，不成坯材（韩按：古祭歌有："实发实秀，实坚实好。"）。否则岂止不得佳石，有时且可出现黄蛇及石块坠落，创损人体诸患（注：据传言如此，予未发石，且妄听之）。予尝考，中国厥初，祭郊、祭社，祀神、祀祖，所产生的原因和目的：在原始任何祭祀中，都曾联系到生产与社会生活方面的功利目的。也犹如《国语·鲁语》所说："祀及天之三辰，所以瞻仰也；及地之五行，所以生殖也；及九州名山、川泽，所以出财用也。非是，不在祭典。"乃不难看出：在此酬祭"地畔神，喇嘛爷"者，正是因为喇嘛崖出产财物，通过祭祀乃可得到"神致庇祐"，而取出优质石产，并消灭有害于人的自然现象。这个，当然不是迷信不可知之神权，而是由于人对生产一面的一种希望念头。高尔基曾经明晰说过："古代劳动者们渴望减轻自己的劳动，增强他们的生产率，防御四脚和两脚的敌人。以及用语言的力量，魔术和咒语的手段，以控制自发的、害人的自然现象。……"这就更可想到，我国古代民族，对劳动确具有一种自信的概念和收获增多的乐观力量，以战胜有害于人的自然灾害。所谓喇嘛爷者，自当是那一生产低落时代的虚妄产物。我们今天来到此处，自然不能听信这一块虚妄的石刻神碑，而是通过这块石刻，著重能看到前人在神话时代中的荒诞遗留。石刻上称之为喇嘛爷，是荒幻、是故神其说，都不合乎在大自然中一切存在的物理。在中国许多文、史、诗篇中，都不能寻到任何"神"的理论信据。特夹写及此。又据达窝土民言："现今屡次打石，无论新坑旧窟，皆找不出佳石。佳石渐将竭矣。"早年旧窟外沿，偶出紫石一块，今并取竭。紫石细腻，较绿石软滑，尚有前人弃置之紫石道旁砾砾皆是，拾之即见其滑腻也。从旧窟北上，行三十余步有紫石露出地面，今人或不知，尚未经凿发耳。洮人称紫石为红石（洮州新城东门外红崖山石，洮人亦曰红石。明洪武年，劈此石筑新洮城。今洮州砚工用此红崖山石面平光者，磋磨砚坯之雏型）。其色淡者，如桦木皮，色深者，若银红鸽子。又与贺兰紫砚石色相似。言洮砚者知其为绿石，而不知其有紫石也。距喇嘛崖约二里，有山名水泉湾，亦产绿石，佳者秀嫩，不亚崖石（洮人简称喇嘛崖石曰崖石）。且有白膘，为他山之石所无。惟山势崭巉，高不可攀，冬季皆冰，春夏方能取其石。复次为纳儿石，又名新山石，又名水城右边石，有绿紫二色。其色绿者，石性坚粗，而多斑类。间有佳品，略与崖石仿佛。再次为哈古族石，其石色青白，然较青龙山所产者稍佳。再次为青龙山石（青龙山，又名青岭山）。其石粗燥如砖，且多斑疵，则又下于哈古之石矣。再次则青龙山附近之上、下巴都亦产石，与青龙山石同。诸山石质良窳，另于下文详述，于此仅言大略，不多赘。青龙山、水泉湾、水城右边诸石材，虽相距远近不同，然与喇嘛崖，脉路悠通，故诸山所出之石，大致颇有所似，今洮城坊市中所售之洮砚，率多哈古、纳儿、青龙山劣石制成，不善熟视，乍难辨认，价惟求昂，沽则赝鼎，甚有贬于洮砚之声容矣。又有古儿站石，及压马石，亦可制砚。古儿站在旧城西南十里，其石摩之光细，向作砥砺用。因其采取甚便，常有以之作砚者。压马石，俗称本山石。产于新城北门外五里之党家沟。数年前本地小学校生，皆用此石作砚。质粗性硬，故发墨迅厉，有蓝色者为佳，紫红色者次之。今洮州砚工取此石，作上光面使用。上光面者，为劂切砚坯过程中（坯，亦写为坯。即半经铲成之砚坯子），由粗磨已成，而更以此石再加细工磨之使其光泽耳。

途　程

喇嘛崖，在临潭县新城东北，距城九十余里。有两路可通：一路由城至石门口渡洮河（石门口渡，在县城东六十里），经过岷县属地哇儿沟，再入临潭属之下石门峡，交耷土司官及杨土司官地界，再经拉布什旗境，过丁尕族、哈古族、纳儿族，历重巘而至喇嘛崖。另一路：由新城出东门，行十里尕家滩，经红土坡，山行四里，至千马杓。过李歧山，行六里，至马营河，过庙儿山，行十里，至黑石嘴，其南山松林荫翳，举目可见。行五里，至大沟门。又五里，至王家坟，其南山亦有大松林。又五里，至巴街。又五里，至草厂门口。又五里至边墙河。又五里至中寨、王旗集。又五里至陈旗口。沿洮河西，崖行一里至五旗船渡。于此过河后，沿岸北行五里，至东石旗，又四里至杜家川。又四里，至小湾。又二里至轱辘沟口。又三里，至岷县属地之哇儿沟，经石门峡，此处两壁峭立，中夹洮水，路皆石磴，不敢下瞰。县志称为"石门金锁"，洮州八景之中，山巅水际，斯最胜矣。自是已入耷、杨家土民境。行八里至丁尕族，又三里至哈古族，又五里至纳儿族。自石门峡至纳儿族之路，大都峻坂畏途，昼鲜人行，惟鸟鹊翩集，喧聒不绝。颇有人知之亦嚣嚣，人不知也嚣嚣，于意自适之概。其中群山苍翠，松柏随处而有，或老而青，或寒而绿，质植不同，出山尽堪为栋梁大材。时见崖下洮泓绿绕，缥碧异常，维时予游，正当隆冬，麻浮洮水，若珠若粒，予徜徉其间，未可久遛，然寸晷间，烦虑顿失。以视世之劳心于势利所治之场者胁其肩，谄而笑，曲意承迎，其相去之远为何如哉！于是，复矫首暂驻，旷尽层峦，空山岑寂，置身其间，爽然狷洁，飘然欲"仙"矣。盖仙境原去人不远，人自不觉，遂谓神仙天台，隔弱水三千。舍此而求长生不死，岂不失之。导予游者，冯儒庵及砚工党明正二君，上下山水，日昃而暖，促步陟登，倚马远眺，耳畔忽闻引吭歌声，悠扬殊可悦，极目视之，遥见山林中有二藏女，被白色长褐，递相转手其樵薪于路旁，长辫缓步，且行且歌，似为抵暮待归状。此殆藏民妇女力作任勤之习性。凡驱牛、牧羊、力农、樵采、纺车、汲瓮、刀砧、杵臼、皆其主务。俯仰掇拾，事无大小，悉以委之。然其重重负重已不恶其劳矣。藏女体态，一般皆瑰健，此二女丰资，则尤修美也。不多时，已抵纳儿。洮河经过纳儿族，环其境而围绕之，适成囗字形（囗音扃，与垌同），故纳儿有水抱城庄之名。居其中者，山送青来，水将绿绕，清幽沉寂，无半点尘迹可入眼睫。避世于此，又毋胜过长安富家多矣。自新城往返取崖石者，夜必止宿于纳儿，予等乃投憩卢总管家。女主人特烹鲜河鱼款予。其法至易，以菜油煎熟，蘸盐末食之，风味隽永，雅恣馋吻。女主人，是北京旗籍，又以罂粟籽油做家常饼，其香不逊芝麻油，款客亲炙，得再餍足。次日颇行，纳绅孙禹臣，具食相邀，供予等早餐。复以冰鱼数尾 ，及砚材多方见遗。两家嘉惠，铭感固尝在胸臆间也。饭时，孙、卢家人胥出接待，昨于林中所见二女，由此始知为孙、卢两君家之少妇也（卢为藏族，孙汉民，媳则藏女）。由纳儿起程，经过水城右边，路旁弃置之石有绿色者，有紫色者，随手掇取，辄成砚材。再顺洮河前进，山径曲折，叠石当路，行人甚少。但见山际寒松苍茂，林木相属不绝。有土人方析薪破木，另于山足下筑窑聚火，将以燃烧木炭者。自纳儿起，经过几曲罗圈水湾（河流折转处，洮人称罗圈湾），共八里而至喇嘛崖。其崖石壁削立，崖半凿闢一仄径，崖径盘绕于空际，缘崖逐步陟而上，石窟即在径侧。凭高临流而俯视，洮河盘纡萦旋，尽在履舄之下。此间危耸万状，趋至步至当小心。予今兹来此，倘非致心考察崖畔蕴藏之砚材，何可冒此惊心之险，而轻试于是哉。他山之石，迄无采取之禁。惟喇嘛崖石，由洮岷路巡防司令部派人保护，非经土司官证明许可，无论何人，皆不得随便入窟凿取一石，即洮州砚工，亦不能任己之欲，擅自崖上挞石也。由喇嘛崖向东北行二里，至达窝。达窝产松，诸山蔚然。闻此间有一佛刹，佛像雕塑，出自名手，予乃前住观看。薄暮、候僧至，启门入寺，见佛堂中央以金粟如来坐像为主，高一丈许，颜面服装，全躯金色晃煜，衣纹栩然生动，在佛教艺术上来论，洵美且都。比归舍，啜麦面条饭两盂，具足餍饫人意。食讫，复就主人所问者，答述一二：达窝森林繁茂，草深，畜牧甚丰饶，而童稚皆失村塾。劳力妇女，被人踏践，亦罔然少所知识。应尽先办起简易小学或识字练习，民绅官商，尽可通力合作普及小学教育。尤不当漠视藏族儿童，驯至要也。否则，徒言开发，莫切实际，在宗教统制束之缚之之下，从喇嘛僧传习经文，讫今不改（《汉书》语），势不能改变生活不足与现在之蔽塞如故。据谈卓尼拔海为若干英里，甚不确实。在六百年前，山上山下，沿洮河起，建有颇多寺院，但予于途中经过各地。却未能看到有小学设备。寺宇空房，何不可改立小学。予尝参稽通鉴及中国民族史，在唐开元十九年之世，尚资吐蕃以《春秋》、《礼记》诸诗书。而今藏民氏族，所止之所，不设学校，达窝子女，自必逐渐向下颓废，成为愚蠢之民。所以谈到人口者，信矣，犹未繁衍也。共言移晷，乃就寝。古人桦皮卷蜡，可以代烛（蜡质在皮，乾则自卷）。所谓桦烛。予向闻之书中，今于达窝始见。陆放翁《剑南诗钞》、《雪夜感旧》诗曰："江月亭前桦烛香，龙门阁上驮声长，乱山古驿经三折，小市孤城宿两当。晚岁犹思事鞍马，当时那信老耕桑。绿沉金锁俱尘委，雪洒寒灯泪数行。"诗中所谓桦烛，即桦皮所卷之烛，燃之确有香气发散，即桦烛香也。陇中风物之美，早经采入放翁诗句中矣 。绿沉、金锁句，亦暗然指洮城事物也。又，土民以油松木本（松木树，油根），劈为细条棒，燃火照明，日"松亮子"。皆所罕见。故述之。达窝中年女藏民，多于晓起出外担水，平明景色，似亦寻常，而每家皆在朝爽中取水于溪边，乃表明山中生活，亦洁然安恬也。专供打石之土民，即居于是。自洮州新城至喇嘛崖者，此为必由之路程。

再说，自兰州至喇嘛崖：其里程为由兰州至临洮（狄道），在临洮易车乘马，出临洮南门，经烧瓦窑、烟坊堡、白塔、店子街、行四十里，至陈家嘴。又八里至高家窑，又二里至候家坪，又五里至刘家铺。再前经姬家磨、高家楼、魏家河，共二十里，而至高石崖。这二十里，地旷、人稀少。再前经过官山，行二十五里，至杨家大庄。沿途有匪害，防劫。再经磨下滩，入磨沟峡。峡山青苍对峙，峡中松多茂密，在横嶂绝壁间，倚险而生。于此纵目观赏，心旷神怡，疆可以寄傲。在两峰夹谷中行十里，然后出峡口向西行，至鸦儿括，又七里至柳林，又五里至宗石。由宗石入久莫峡。久莫峡，又名九莫峡。峡中壁立千仞，初无路径可寻，缘绝壁旁凿石眼，架木为栈道数处，以通人行。惜官府不问，护持无人，古道日益颓毁，不禁为之痛唏。不为国办事，设官尸其位，何善于民！凡至此者，青杉迎面，放览不暇，在悬崖绝壁中，冬时松柏，矗然千章。独路径倾仄，愈转愈曲，惊心骇目，不敢苟有仆骤。洮水至此，为两山所约，窅冥而深，几可一跃而过。沿石级徐步缓行，一步陡绝一步，其石上万松与洮水之频荡，喧静不同，耳目清奇（杜甫诗："喧静不同科"）。予徘徊其间，久而方去。出九莫峡，经苦麻窝，而达包佘口。宗石至包佘口，凡二十里。包佘口又名包舌口。亦曰宝石口。由包佘口沿洮河边进行，紧迫水际，路旁盈溢，荆榛丛聚，道途为之梗塞。夏秋水涨，路被淹没，尤不易行。共三十里，至达窝。由达窝向西南，仍顺洮河行二里，而至喇嘛崖焉。喇嘛崖山脊背后，为青龙山，但在深山迭巘中，无从可以穿越。闻其路程，须于石门口渡河后，逾山越谷，行若千里，入轱辘沟，沿山转向北行，约三十里，乃至其处。此外，水泉湾与喇嘛崖相毗连。纳儿附近，即水城右边。哈古之路，则同如以上所述。

采　取

喇嘛崖向为杨土司官所辖，据说自有土官后，禁闭乃严密。相传崖上初无路径可通，取石者，乘船至崖下，以土枪轰击，石落船上，载之以还。然此处之石，皆为波涛所冲，风雨摧挫，粗燥顽恶，不足以言砚材。其远处者，水流疾急，船不可到，所以旧制洮砚，多无佳石。如是说者，殆闻者未确，讹以传误之言也。盖予亲至喇嘛崖下，曾见水流奋迅，中多碛石，行舟误触，可立遭破沉，安得石落船上，从容载之以出也。但闻尝有木商运木者，偶以甚少木料编成小木筏或短木排（松木所编联之排子），可从崖下放运。然亦无土枪轰击取石之事。此崖之石，近代以来，亦止本管土司官随时可采，常人则不得往取。或有行人，经过喇嘛崖，仅可摭拾一二弃在道旁之碎石。若自携斧凿，自行锤击者，至须提防为人窥见。否则土人守护，示禁有责，但闻石声，立即赶来阻扰。戒人窃自椎敲。纵有窃者，忽遽间，不遑细择，甚难获得佳石。夏秋间，禁止尤其严。盖俗传：山高险峻，石不有语，山岂无灵，且石窟中有毒蛇，色黄，长四尺余，不时出现。若不以时取石，或无故而加斧凿，神将立有谴谪，辄降冰雹为灾。数十里地方咸受其害云。此自系藏族先民长期以来对自然显现，神秘流传之说法也（山林地区，云气进入高空，凝为冰块旋结而下，洮为常事，土民谓之神谴）。今者，欲需石几多，先期向洮岷路或卓尼土司衙门，征取同意后，由土官牒知驻纳儿总管，总管奉到上意，当为索石者料量采掘。任何人取石至喇嘛崖后，必循旧规具绵羊一只，祭祷山神及喇嘛爷碑前，并以祭肉随地分饷土民，籍以酬其锤凿之劳。采取时间，宜在秋后，或为春仲，若在严冬时，石方经冻，不受斧凿，易为破碎。又谓夏秋间，洮水暴涨，佳石即取不得。或又谓崖底有石，质润美。然洮水至此，急流如箭，波浪激崖而转，不可至也。必待冬令水落时，偶有所得，则津润无比。此语或似近是，与其实则又不为然。凡冬令水落，在崖下得石，大抵皆为窟内劣石弃诸河中者。抑知古人所云，亦只耳鉴，而未曾目及也。盖喇嘛崖僻处山陬，非当孔道，不与世通，鲜有人至，传言之讹，良有以也。况产石洞窟，在喇嘛崖山之中腰，距水面高约三十余丈，水之涨落，与在洞窟取石，高下羌不相及也。喇嘛崖石窟，旧有一处，向时犹浅，今已渐深，洞中砚材，乃夹生于青粗石间，另成一脉，循脉而掘，延续不绝，故愈入愈深。砚脉既为青石所夹，有厚重如磐，不可摇曳者。采取之法：宜先将外层粗砺，劈剥净尽，俟佳石出露，再视其重迭比次，纹络肌理，然后运用小凿解截，使成为大小各适用之砚材。往者划去粗砺，尝倾至崖下，摈于河水，人或不察，误以为石在临洮大河深水之底者，或即此欤！挞石用具，多为达窝土民家中所有，亦未拘定何器，但能令石断裂，如：长短刀凿及大铁锤、小铁斧、铁錾、草畚等（畚读本，盛石块用）皆可为助力破石应持用具。然若持之笨重，锤之迅厉，石为猛力急骤震动，虽已脱解，往往尽成摧毁断裂之迹痕。偌大一石，去其破裂，琢成砚形，已所得无几。故谚有曰："十个石头九不全。"谓及取石粗犷所致。稳妥方法，惟有多备尖锐小钢利凿（土钢不锐不坚，应以竹节洋钢制锐凿待用）。先将石之周匝，镌为解槽，槽须深陷，然后徐徐启劈，不可使猛解猛脱，则肌理之间，自少裂痕矣。石未治时，砚工恒用小铁锤敲数响，有无裂缝，闻扣声即知。若已切劙成砚者，须将砚入浸水中，片时，然后取出占视，凡有裂痕处，其缝间着水不干，如是觇验，最显而易见。对此裂缝，亦复有鬏饰方法：取黄蜡少许，溶化注之，则浑然含蓄，不外露痕迹矣。砚工谓之"灌蜡"。

石　品

　　熟悉洮石者，莫不称赞喇嘛崖旧窟中所产石为第一。其石嫩，其色绿，朗润清华，略无片瑕。如握之稍久，掌中水滋，按之温润，呵之成液，真文明之璞，圭璋之质，未可与水泉、青龙诸山石并语而称者也。然此窟所产砚石，其材质亦不能尽居上品，粗涩者充盈其间，举凡皆是。清润者不过十之二三，固寥落无其几。盖璞中砚材，久已不易多得矣。窟之近旁，崖之左右，可供研摩刻削为砚者，皆有之。然大都为风日所曝，顽粗干枯，不堪作砚材。水泉湾石，虽其名较逊于喇嘛崖，然润丽之质，常有不减于崖石者，亦上品也。水城右边石，有莹緻可爱者，有坚粗枯燥者，有遍满黑颣者，有色如砖灰者，中下品也。哈古及青龙山石，虽亦灵秀之脉，然石质粗糙，多有斑玷，色虽绿而不洁，终鲜润理，石之下品矣。有乡人故将劣石染作绿色，伪以取胜于人者，购者或未辨识，便以其赝误为真矣。其染法略述于下文。

纹　色

　　喇嘛崖砚材，俗称绿鸦石，以细润蕴藉，明净而绿者为上品，前已言之。而石皮有黄膘者，尤为珍异，不可多得。黄膘与黄霞不同（膘与膔同）。黄霞者，面上有黑色麻点，恒常可见。黄膘乃膏之所凝，肥饶若脂，其状斑蚀如虫啮。或斑驳如松皮之鳞片（狄道州志云：石未治时，肤如松皮，有鳞鬣之状）。或黄色光泽，厚凝如松脂。皆可贵。治其石为砚，曰黄膘砚。此为洮人共所欣赏，视为洮砚石之玫美者，故向有黄膘绿砚之称。尝考端溪下岩旧坑石，亦有黄膘，然皆追琢去膘，方得砚材，非若洮石之膘以为可贵也。此外水泉湾砚石有带白膘者，亦颇美观。崖石之文理佳者，如薄云散开，缥缈天际。或花纹微细，隐约浮出。或有水波萦廻，似川流一派。或色沉绿，通体纯洁无痕，莹润可观。或水气浮津，金星点缀，石嫩如膏，按之温软而不滑者。凡此数类，皆津润涓洁。绿颜如茵，虽暑之盛至，贮水犹不耗，发墨庶乎有光。墨沉所积，细密而薄，披之随手脱落。石有脉络者则不佳。脉络大抵为白色、青色、铁黑色、灰白色。又或为红线细丝，穿贯石中。或红色脉络斜亘石面，若红丝数缕，皆为石疵。近年哈古及青龙山所产砚石，坚粗如砖，灰黯不绿，铁黑斑额，黝然成片。色纹之劣，俱不足取。乡人往往用此类劣石，以绿颜料轻搽淡染，冒称绿鸲石。又或以灰灰条（俗名灰灰菜），青蒿、牛鼻子草等物，用手搓出鲜液，染石为绿者。凡经著色渍染之石，倘试以水，其色乃褪，真伪不难立见。砚工在洮砚制成之后，即无裂痕，亦辄融蜡涂封，使光莹可观，与石颇为得宜。惟蜡不当热用。曹溶《砚录》云："最可恨者，先用烈火燔砚，令极热，然后传蜡其上，则先融后凝，浑然无迹。石本德水，今乃火攻，芳润之性，十损其五，未审于砚何补。"乃知炽砚敷蜡，不得不忌。若关中多秦汉砖瓦砚；"土乎成质，陶乎成器。"（韩愈文）之陶灶、陶泓、不得不涂治以蜡，然后始浑朴可观也。予又见，今洮砚制成后，辄用菜油附抹于石面，取其动目，明洁可爱，而不宜于发墨，亦非所适也。洮石中，坚粗者，尝发现石结，最难削去。石结，犹木之结疤，去之不可，钻之弥坚，砚工谓为"硬筋"，凿刃逢之，辄为所崩，故石结较石脉络更有碍于刻削也。金星者稀少，只偶见。

音 声

洮石品上者，扣之有清越铿亮，玉振之声。着水磨墨，相恋不舍，但觉细腻，不闻磨声。上品石砚，亦可从其音声中辨其异同而判别其出产于何处。顾非久验，莫能辨。须用上等精制香墨，注凉水研磨。不可恣用恶墨，或粗制锭子墨。不惟损砚，而磨擦发声，宜忌之。

斫 工

唐、宋时，端砚雕斲（斲音琢，亦作斵）。匠思冥奥，多尽其妙。固可为文房雅器。予与古，贡砚及故宫所藏旧砚，接目甚夥。要皆中规中矩，不苟、不疏略，尝亦不期而有笔牍未可能毕其事而书录之者，概可见，古砚工之斫一砚，必有如此而力臻其极，执艺高下，良有以也。洮砚制裁，良工所传，久患无考，已荒远莫知人所归往。今闻清同治年，有李大爷者，为洮州新城药王庙住持，琢石治砚，富有巧思。后久于其事，学之者，乃尊为能手。所以至今推为治砚之宗匠。其后又有李郁香、王式彦诸人，继执其艺，既师心而能法古，亦标新而自树其能，传至今日，乃有新城东南沟（距新城二里）姚万福、党家沟（距新城五里）党明正、匾都台子（距新城十里）汪同泰、下扁都（距新城十里）董家、石家。此地砚工众多，不及备详。又下川（距新城十二里）杜家、王家，皆务农而并为砚工者，农事有间，琢砚数枚，逢营入城，挟以求售，或为肆贾收贮，待有善价，而再售出。秋冬无农事，才能打石治砚。若春夏力稽陇亩，则屡月难成一砚矣（韩注：洮州新城，旧历每月一日、十一日、二十一日为营期。商贾货物，藏汉农民，数十里内，皆于是日聚集于市，即曰"逢营"[①]。于农村经济，相关实切。惜治理不善，无济于民。河南、河北两省，谓之"赶集"，或曰"逢集"。广东、广西称为"墟市"。云、贵、湖南、四川，则曰"赶场"。郎葆辰《黔中杂咏》有"荒寨夜深闻犬吠，有人踏月赶场还"句。甘肃武都、文县及陕西，宁羌一带，亦曰："赶场"。盖地接川边，习用蜀语也。甘肃陇东各县及临洮等地，亦称"逢集"。如：苏家集、马家集，以其地有集市，因而得名。惟洮州、岷县等地，与他县不同，不称集、场，而曰"逢

---

① 此页上贴一纸条，上有张思温题注曰："'逢营'应是'逢盈'。犹'赶墟'，盈、虚可对称也。古称'聚'，如'阳人聚'。今北方多称'集'。以屯垦而称'逢营'，不确。 温注，一九八五、十、十四。"

营"。盖宋、明屯垦时期，迁内地人民实边洮岷，其人民集居之地曰营。每逢集日，贸易聚于营地，因曰："逢营"。至今犹沿用此语也）。近顷，洮州新城南后街，将有右文堂洮砚庄之设，主人姓傅，代人作砚，砚式雅驯，不徇庸俗。往来觅砚者，可称其便。向者，洮州土司官杨子余氏，谋艺术之改善，曾觅名工砚匠，在卓尼衙内，亲自督工监作，并由其考图谱、定式容、留青纯、去枯恶、或盂方，或盘圆、或象物赋形，一时颇不乏佳制。今砚工姚万福及党明正，昔从李郁香学技多年，不但传授师承，且能妙随其用而不废于材。选石追琢，多成其章，亦杰出之匠才也（《诗》："追琢其章。"）。

仇 直

洮砚买卖所聚之处为营，雅俗由人选择，索直多寡，价至不一，可以自由索价，也可自由偿仇。石幽式雅者，约银币十之七、八元。干枯劣品充盈营肆者，索值亦不下三、四元。大小高下，随价仇直，各论等次不同。予阅肆见一砚，山水树木，楼宇桥禽，人物顾盼相接，无不尽妙，石质似精洁可观。在一个集场中独异于众。贾人索直四十元。观者有许以十数元者，贾终漠然，未始以为动。行常来说，仇直标格，颇不易估测耳。高价格者，亦恒有之。就予所知，大率不过如此。蚤年土司官署命工镂制者，大都以饷"贵人"，从未受直。今者老农穷乏，觅石琢砚，陈集市中价售者，类多庸工粗糙，石质黯黝不洁，真赏家指为粗顽，曾不是求。然，数寸片石，最少谐价三、四元，然后方得到手。

式 样

洮石授工，大抵因材取式。其式有：石外缘略铲削，不论方圆，而中心墨堂隆起，作圆形（注：洮州砚工谓贮水处曰水堂，磨墨处曰墨堂）。为底盖相扣合之墨池者，砚工统名曰："石形带盖"。其盖外面，用凸铲法，浮雕麒麟、梅花鹿、风啮瑞草、渔樵人物．月中姮娥、叶公好龙、二十四孝图。此不过熟于样谱所传，极尽雕云镂月之能，转不若一云一月乃见淳朴。各砚工手中所依样本，泰半陈故相因，复欠洁矩。虽有方圆中式，而錾法多忽失古砚器局。此外见于象物者，有：凤宇、瓢瓜、荷叶、瓶花、钟鼎、斧钺、云龙、鱼水、犀象、瓦脊、风田、桃蟹、琴笏，各有产制之法。至规而画圆，矩以作方，不施饰雕，亦多有之。再重言"石形带盖"：石形带盖，颇见出名，为洮砚传世悠久，发端最早名称，特异于各地制砚式法。端、歙、贺兰，少有此风格。盖就石形裁成，另配补相适石盖，合成有底有盖中心圆起之圆池研，不亏损周边原材，不抛失天然黄膘，斯为可贵。亦洮人之所好。然砚工磋劘，皆惯用薄浅石材为之，殊非造砚所宜。又有端方一石，就其中间之隆起，刻成圆池，池上有盖，池外水环之，如辟雍之圆顶方宇，周以环水者，谓之辟雍砚。至天然卵形，不尽琢磨，只划面而成石子砚者，未之有也。斫砚之石，自宜厚而重，不宜薄而浅。厚则崇质，浅则荡漾，凭案浮动。式样似宜于多仿古制，或常看、常参酌旧谱录，但亦勿涂泥。袁少修尝出家藏黄莘田、井田砚，咐予鉴定。玉器商李振明出示一枚吴门顾二娘砚，皆端凝浑实，纯淳无华，无雕镂之纷纭。吾人仿古谱者，宁求悃悃款款朴以敦，不必纤纤细细，刻羽雕叶以见巧。若求其慧，反见其拙。失之则远矣（悃悃款款，引楚辞语，黠慧不如，"大巧若拙"。）。

砚 展

民国十四年九月，有旅次北京，日本大学文学教授后藤石农者，邀约在京知名人周养庵（肇祥）、杨诵庄、林白水、许卓然、及诸士行，于东城大和俱乐部，举行《古今名砚展览会》。予被邵飘萍先生（北京白话社会报社主编）来邀，即携洮砚数方，同往陈列。在这日展览，颇受称赞。别有他人洮石砚数枚，代远工精，不似近制，至可珍贵。标签书："陕西洮砚。"砚石展览，向尟经见，此则，自有其一时兴会之所致耳。亦概然可见，我国文物，久为识者所赏，搜陈之砚，又多是宋、唐名人手迹，素有砚石之好者，藉砚展大观，得尽其一一数之，博览多矣（米元章悦砚，每得一枚，或抱眠，或匿耀书帷。后有谚曰："甲乙品于卫公，袍笏拜于元章。要其成功而致用，无若砚石之最良。"）。洮砚与端、歙砚，在近今为第一次媲美于此，或受识者之面誉，或为止步而摩挲，洮砚之名，由是愈彰，洮石之砚，亦自无疑为陇中文物之名产矣。惟端石，贵在有眼（谚云："无眼不成端，有眼端之病。"此说信是。虽贵在眼，不应多有也）。洮石乃所不及。端石眼有阴阳、死活、晕多、晕少者，有青、绿、黄各色相间者，洮石则全无此种特色。即有一二圆点，亦属文理偶成之斑澜，不能形成眼状。然洮石绿质黄章，秀而多姿，津润之材，直将竞美于端石。若并与歙石同媲，则洮石玗琪之可珍，又胜过东方歙石之美者多矣（东方之美、珣玗琪。见《尔雅》）。砚展会，兼列图，史备资考，有日文书一卷，书面签"砚の栞"三字，书内叙及洮州、洮河产绿石，可以作砚云。

篇　后

　　洮砚之美，洵天美也。或以诗写，或以词传，前人从而赏之。千余年来，洮石砚已名天下。然求之者，未能尽得真赏。诚以采石之区，山高地僻，土人筑小路蜿蜒而上，由县城往返，几二百里，山河阻隔，道路崎岖，故非好事者不能至。而土人负石，路仅容身，陡步上下，惴惴惟恐失坠，采石之险，卒又如是。东南诸地，流传更少，且多赝鼎，鲜睹至真，偶或获一佳品，视之犹同瑰宝。此志稿考溯其源，远则见之于旧典，近者讥之于故老，搜遗拾坠，迄如前述。以予所知，千载而下，大抵尽之。有涉洗涤、椟藏、诸端，可看：《西京杂记》、《竹柏山房间居杂录》、《文具雅编》、《蕉窗九录》、陆务观《涤砚法》、《春渚纪闻》、《文房肆谱》、《瑯環记》、《邵氏闻见后录》、《锄经书舍零墨》、米襄阳《志林》、《王子年拾遗》、《傅元砚赋》、《东宫故事》、《柳公权论砚》、《天水冰山录》、《秋雨庵随笔》、诸撰记中，言之颇详，不须一一复赘。游心同好者自可择而取之。

附录二

《洮砚砚谱》

一　丁耀宗藏《洮砚砚谱》

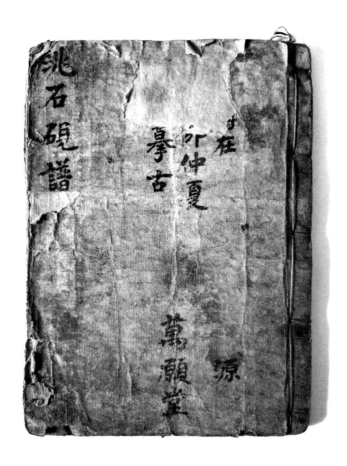

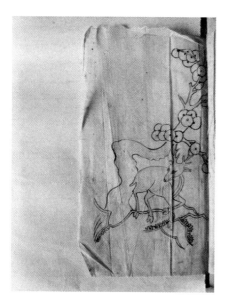

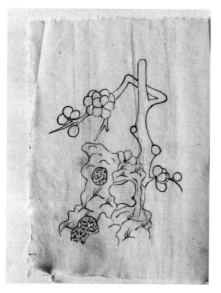

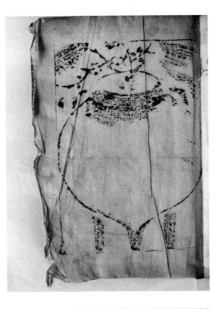

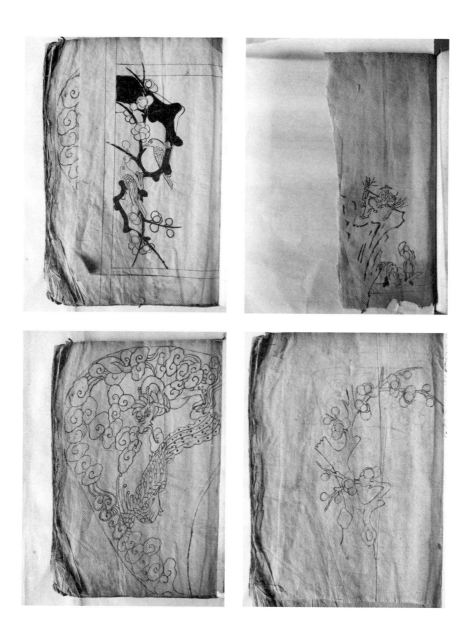

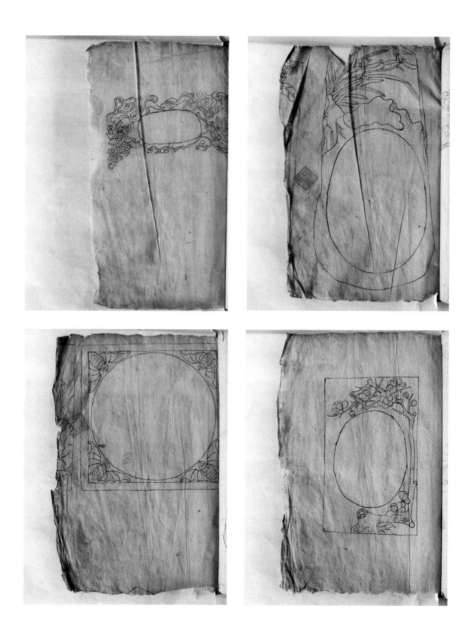

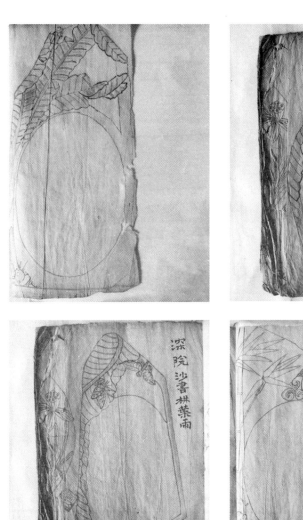

深院沙書棋葉雨

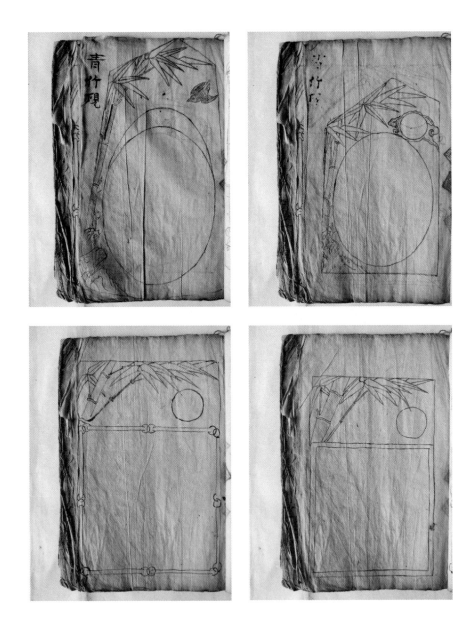

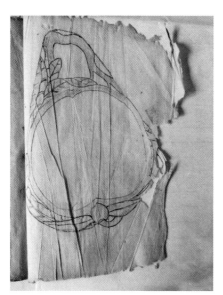

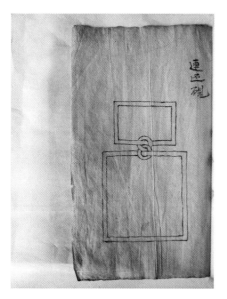

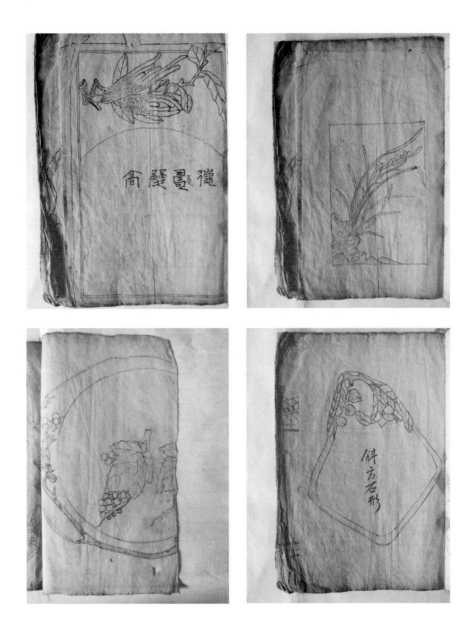

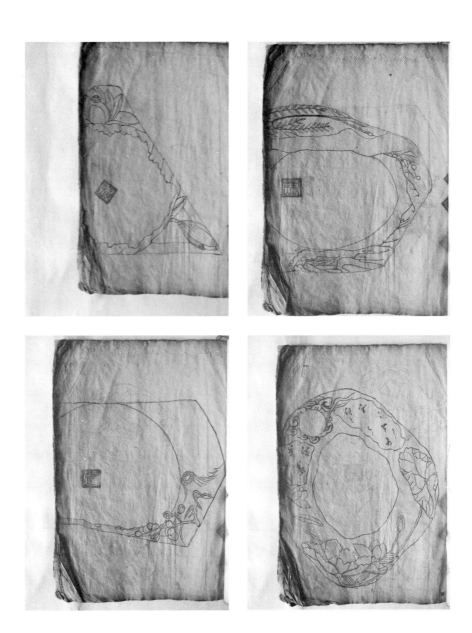

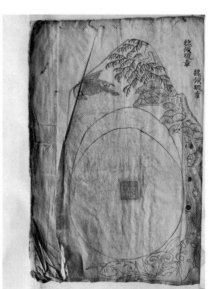

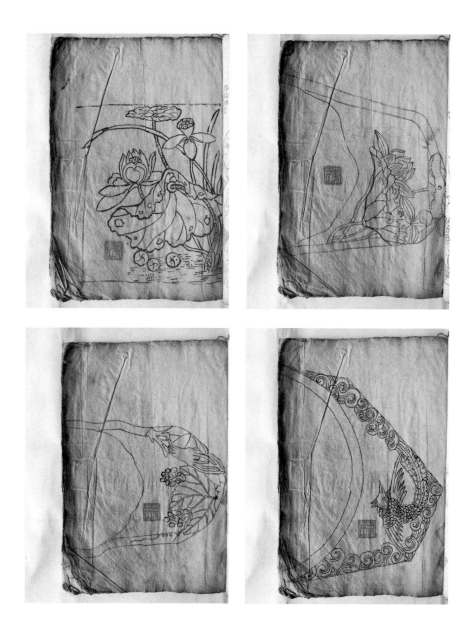

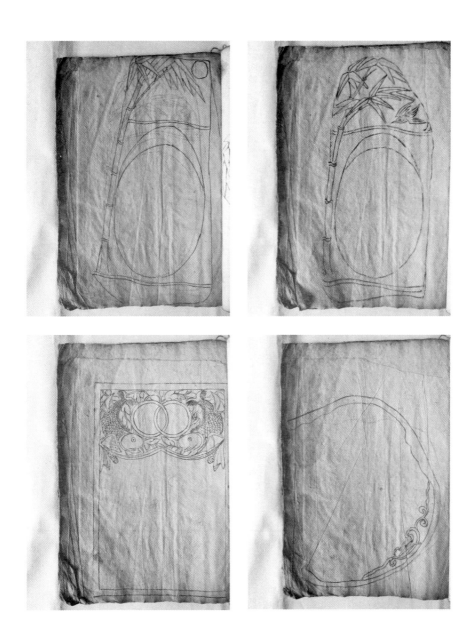

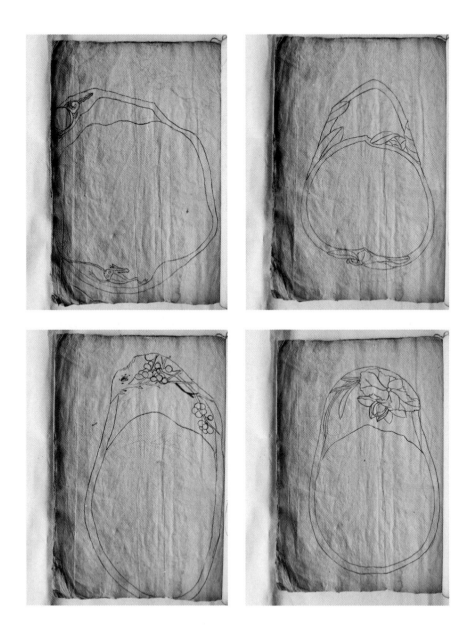

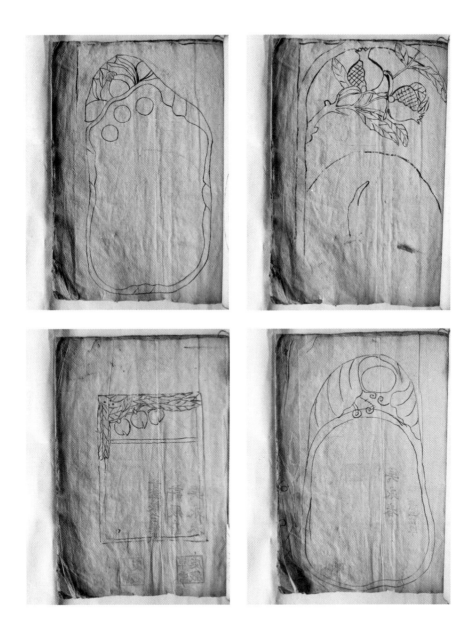

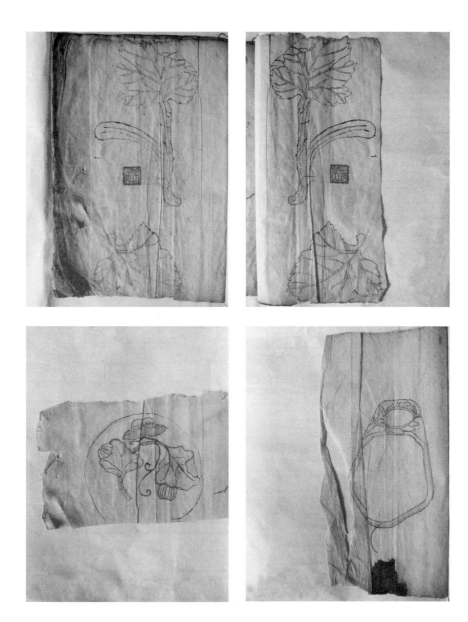

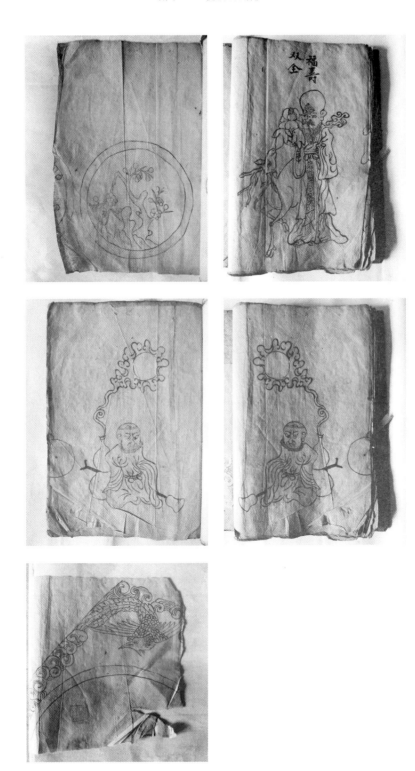

二 包述吉绘制的砚谱

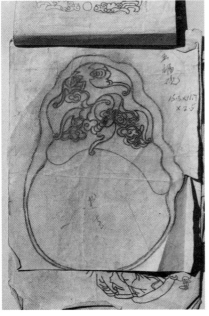

三 李茂棣设计绘制的砚谱

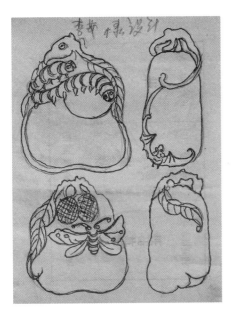
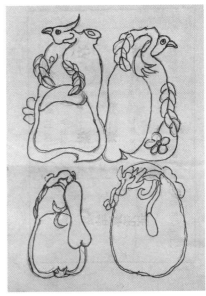

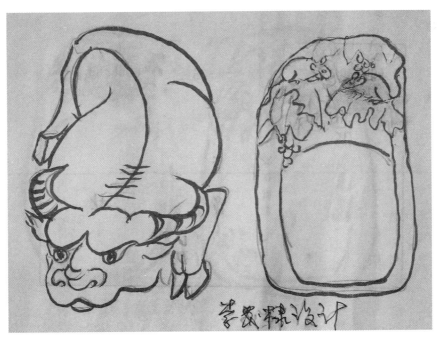

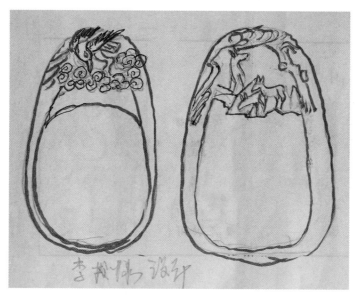

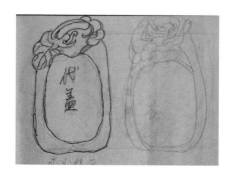

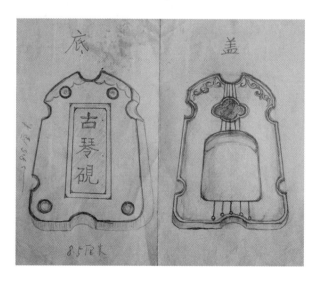

四 张建才描摹的《龙凤狮参考资料》

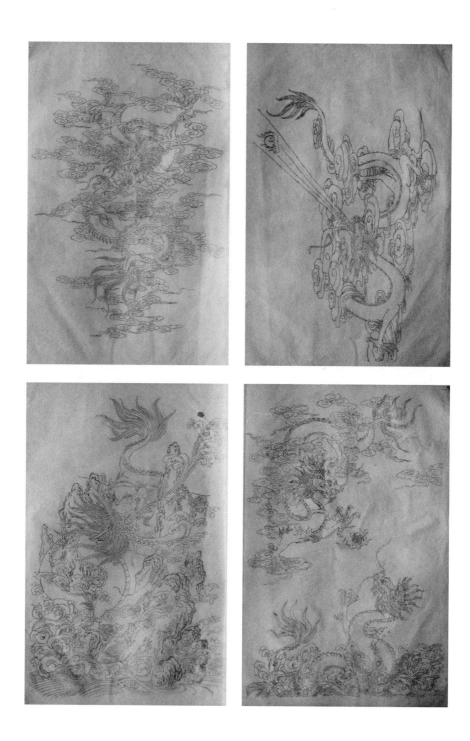

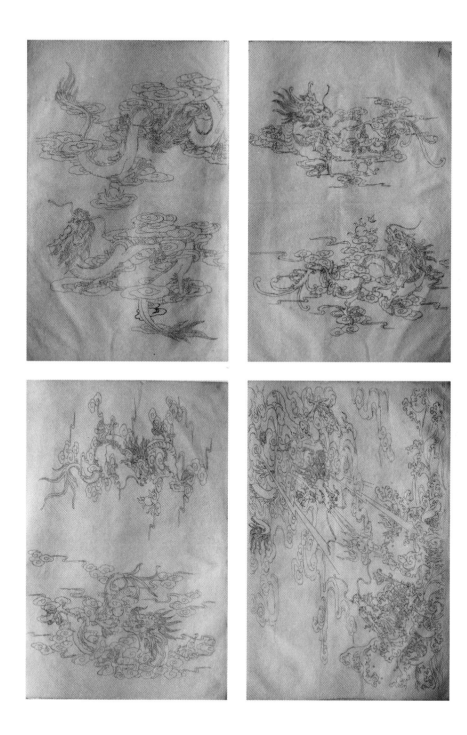

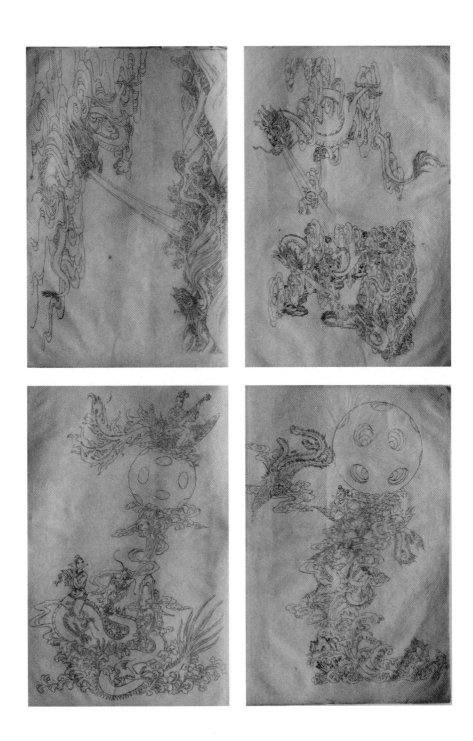

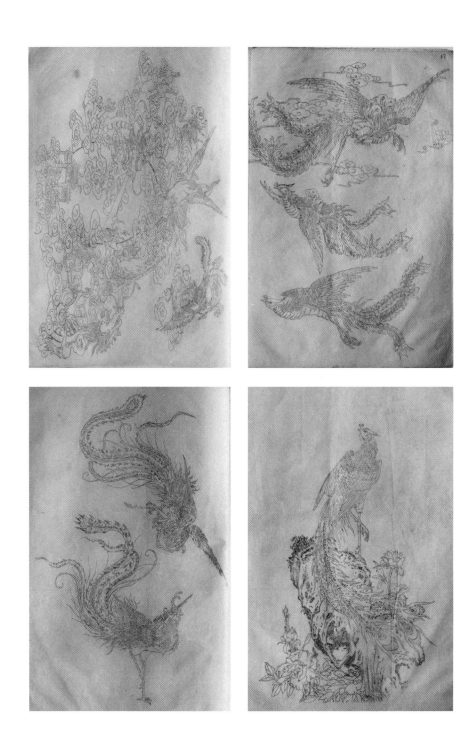

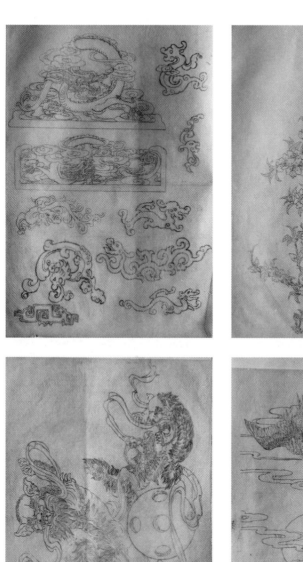
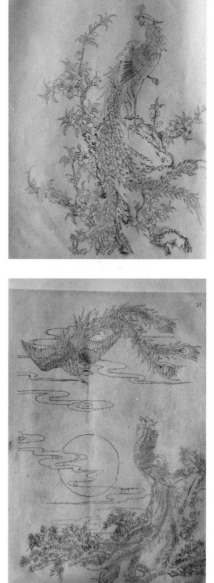

附录三

洮砚图录

名称	收藏地	形制、尺寸	基本描述	参考文献	图
汉代洮河砚板	安徽六安发现的此洮河砚板为王如实所收藏	长方形砚板。20世纪90年代，安徽六安市附近曾出土一方，长15.3厘米，宽5.3厘米，厚约0.4厘米的长方形砚板	据专家鉴定，此砚板自然风化严重，制作规整，四角呈90度，确系洮河砚材所做的汉代之物	安庆丰：《中国名砚 洮砚》，湖南美术出版社2010年版，第25页	
唐代箕斗型洮砚	藏者介绍，砚台是在安徽收到的	一方长16.7厘米，宽7厘米至11厘米、高约2厘米，一头高、一头低，一头宽、一头窄，底有二矮足的箕斗形砚	此砚据安徽博物馆台观看，文物鉴赏家蔡国声鉴定为唐代洮河砚	安庆丰：《中国名砚 洮砚》，湖南美术出版社2010年版，第26页 王如实：《晚唐也有洮河砚》，《收藏家》2003年第1期。	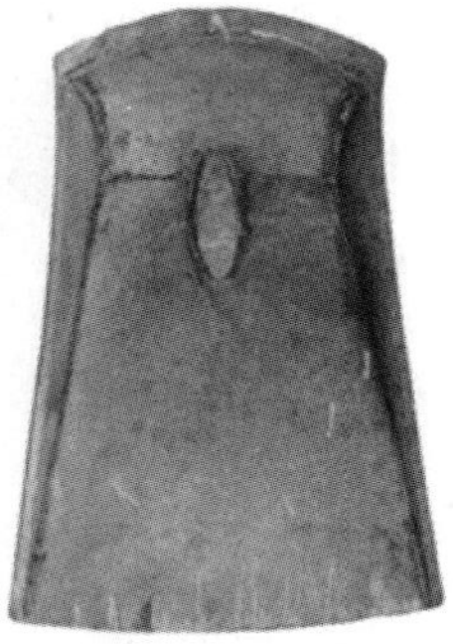

184

续表

名称	收藏地	形制、尺寸	基本描述	参考文献	图
宋洮河石蓬莱山砚	故宫博物院藏	该砚为长方形，色相呈浆绿色，属洮河绿石中的"竹叶清"。长16.9、宽9.8、厚3.9厘米，覆手深1.5厘米	砚面上半部刻有重檐殿阁，殿阁两边及后面衬以群峰，气势壮观。在第二层殿阁中间，横匾额镌有篆书"蓬莱山"三字，砚名也由此而来。在头层殿两侧，刻双龙戏珠图。砚的下半部中为方形砚堂，有一横卧长方水池，水池四周雕刻，受墨处微凹，留存有用墨的痕迹。砚的底部深凹，内四周雕刻水波纹，水波纹中雕刻一龟负石碑，碑身栏界内刻有"缥缈神仙栖列仙"二十一字，旁署隶书"雪堂"二字，左右为云纹，子以宝之万斯年，幻出一掬生云烟，碑首正中阴刻录书"元丰四年春苏轼识"八字，栏界外四周饰卷草纹，其间为唐草纹。碑上所刻"雪堂"二字，为苏轼之斋号。此砚形制古朴典雅，凝重精妙，构思精妙，又有砚铭制古朴和年款，应为东坡旧砚，价值无量，属洮砚极品	参见傅秉全《洮河石砚与墨机砚》，《故宫博物院刊》1980年第1期；罗扬《宋代洮河石砚考》《文物》2010年第8期。李璘《洮砚古品觅踪》。蔡鸿茹、胡中泰主编：《中国名砚鉴赏》，山东教育出版社1992年版，第39页	

续表

名称	收藏地	形制、尺寸	基本描述	参考文献	图
宋应真渡海图椭圆形洮砚	故宫博物院藏	该砚为椭圆形，呈绿黄色。长29厘米，宽22厘米，高8.5厘米。砚面斜向前端，为落潮式。砚前端砚形成墨池。砚面中央开方形砚堂。砚堂四周雕刻出一道浅槽，曲水围绕砚堂	砚堂之外饰阴线，上刻兰亭外景图，下刻海水江牙。砚周海侧通景式以浅浮雕技法雕刻出十八应真渡海图，人物神态各异，形象生动逼真（图一）。砚的底部深凹，如容器剜刻状，似为减轻砚体自身的重量。高浮雕双龙闹海图。图的上部为波涛汹涌而来的卷云，另一条巨龙从隐身的云层中冲出；图的下部为波涛水中，一条巨龙上身直立没于海水中，整个构图，龙腾水翻腾，双龙闹海，一上一右，一左一下，龙势嶙峋。边框阴刻楷书乾隆皇帝御制砚铭：'宋绿端石刻兰亭，题之不啻已三四。兹砚别体陶应真，大海汤汤之临真。骑鲸御足各尽态，天龙修罗肃环待。神通变现莫可劳，诸上人漠之寓意。作者想达声闻乘，不然间以措神思。回砚羲之临墨池，小矣壹夫寅文字。'其后署'乾隆御题'四字题款，再后是阴刻篆书'比德''应真'二字方印。此砚盛放在一个精致的紫檀木嵌玉砚盒内。砚盒面上端正中嵌一白色玉璧，玉璧上阴刻篆书填金'应真渡海'四字。下端正中阴刻隶书填金乾隆御制砚铭，与砚底部边框所刻乾隆'乾隆御制'帝御铭铭相同，而题款和印则有所增加。其后是阴刻隶书填金'乾隆御题'六字题款，下有阴刻篆书填金'比德''应真'二字方印和砚侧所雕刻的纹饰与石印。砚盒背面上端贴有一张黄色纸文豪书'郎润'二字方印。砚盒底内饰有'道光'二字小楷字；其上有毛笔小楷书：'道光二十三年闰七月初五日，圆明园总管赵誉交。腰元绿端石砚一方，紫檀木匣嵌玉。'砚盒背面与砚底部的纹饰回纹。这方宋代洮河石砚，石质优良，绿色中有黄色，坚密细腻，底有四足，通体雕琢厚重，坚密精良，运用了线刻、浅浮雕、高浮雕等多种技法，雕饰出不同的图案，繁而有致。纸条长14厘米，宽3.3厘米，特别是所刻相当粗细得当的线条内填上墨色，更显端庄古朴，风格独特	罗扬：《宋代洮河石砚考》《文物》2010年第8期	

续表

名称	收藏地	形制、尺寸	基本描述	参考文献	图
宋兰亭修禊图长方形砚	故宫博物院藏	砚为洮河石制，长方形，呈绿色。长22.4，宽13.5，高6.8厘米	砚面的上方浅刻兰亭图景，亭内有两位文人对坐，其中一人执笔疾书。砚面的中部为曲水，曲水深凹，可为墨池，池上有小桥两座，曲水环绕砚堂。砚面的下方为砚堂，砚堂宽阔平坦。砚周四侧浅浮雕环景修禊图，诸多文人学士临流赋诗饮酒。东晋永和九年（353年）三月三日，东晋书法家王羲之与谢安、孙绰等41人，在山阴（今浙江绍兴）兰亭"修禊"时饮酒赋诗，王羲之为之作序并乘兴书此，书法之妙，脍炙人口，有"天下第一行书"之誉。王羲之的著名法帖《兰亭序》记述了这次盛会的情景。砚周四侧所刻的即是当时众人饮酒赋诗时的场景。砚面之上是王羲之正在书写《兰亭序》文。砚的背部覆手呈斜坡状，雕柳塘景致络鹅图。图中六鹅，两鹅一对，或在水中嬉戏，或在岸上休憩，极有生趣（封三：3）。砚周一侧面下方左侧阴刻篆书"通道人"三字，下有阳文篆书"元口"长方印。吴扶，字去尘，号道人，明末新安（今安徽歙县）制墨家。为诗清古，工画、善琴，尤精制墨，好游名山大川。这方宋代洮河石砚，石质细腻，形制古朴，雕刻精细，曾由吴扶收藏	罗扬：《宋代洮河石砚考》《文物》2010年第8期	
宋洮河石抄手砚	天津艺术博物馆藏	长方形，长23.5厘米，宽15.5厘米，高3.7厘米	传为河北钜鹿出土，长方抄手式，砚面石中间含有条条纹理，是优质洮河石之特征。制作规整，造型端庄，是典型的宋代砚品。砚石黄绿色，通体无雕饰，质朴无华，边间刻隶书"北宋洮河产研"，系后人鉴识。此砚原为天津文物收藏家徐世章收藏，后捐赠给天津艺术博物馆	李璠：《洮砚古品冠踪》；王念祥、张善文：《中国古砚谱》，北京工艺美术出版社2005年版，第22页；蔡鸿茹、胡中泰主编：《中国名砚鉴赏》，山东教育出版社1992年版，第43页	

续表

名称	收藏地	形制、尺寸	基本描述	参考文献	图
宋洮河石抄手砚		长方形抄手砚，长25.5厘米，宽15.6厘米，高4.5厘米		杨代欣编著：《中国砚台图录》，新疆人民出版社2004年版，第32页	
宋代洮河石长方砚	首都博物馆藏	长15.7厘米，宽9.1厘米，高5.3厘米	在首都博物馆"书房珍玩精品展"大厅，陈列着一方清代著名学者纪晓岚的藏砚。此砚为长方形洮河砚，四周是"游龙戏水"的浮雕纹饰，制作较为精美。在砚池内，有康生于1970年2月多得的末代洮河砚上品。"纪晓岚目为识砚者，还刊行归云楼书释文："其实他对砚连基本常识也没有。他把洮河石当作绿端，把青州红丝叫作绿端。他不知端石为何物，更不必说识别古砚了。"	李德全：《活说洮砚》，人民文学出版社2014年版，第48页 王念祥、张善文：《中国古砚谱》，北京工艺美术出版社2005年版，第83页 《中国古砚谱》覆手式洮河石砚定为（明）覆手式洮河石砚	

续表

名称	收藏地	形制、尺寸	基本描述	参考文献	图
宋燕雀纹洮河石抄手砚	临洮县玉井乡出土			车建军：《鉴石集粹洮砚》，甘肃文化出版社2014年版，第8页	
宋门字形抄手双色洮河砚		长方形抄手砚，长19.4厘米，宽11.1厘米，高3.8厘米	"砚面减底阴线围框，砚堂浅平，与边同高，砚池为带弧形的一字池，在池与边线之间，刻有韭叶边门字形，为精工。作者在砚首不到2厘米的范围内，造出阴阳起伏近10条平行线，足见功力非凡。从前后同宽，砚堂浅平和四边向底略略收以及厚重的土沁、墨锈看，此砚应为宋中晚期的实用砚。"	王俊虎：《砚证文明——古砚鉴赏指南》，安徽美术出版社2013年版，第122页	
宋洮河石坡池砚			平板式长方形，造型如坡池。砚的正面刻砚堂和砚池，中为砚堂，四周凿水槽，它们中间另有套棱相隔，以防砚堂墨汁溢出。砚堂的上方为深水槽，与外围水槽相连。砚面四周勒有边线。砚底背边四收，若龟腹，可隐约感觉四足的存在。坡池砚由六朝、隋、唐之圆形辟雍砚发展而来，水槽即可积墨又可蓄水，使用灵活	萧高洪：《新见唐宋砚图说》，湖北美术出版社2002年版，第96页	

续表

名称	收藏地	形制、尺寸	基本描述	参考文献	图
宋月池洮河石砚		平底，前窄后宽，长14.9厘米，前宽7.7厘米，后宽8厘米，高1.4厘米	砚面只于前端开一初月池，手法简练，雅而不俗，充满了一种浓淡的文雅情调	萧高洪：《新见唐末砚图说》，湖北美术出版社2002年版，第98页	
宋红绿双色洮河石砚		椭圆形，长12.5厘米，宽7.5厘米，高1.5厘米	砚面可见绿色水纹，犹如新绿，有新旧交相辉映之感。观池作偃月样，简明扼要，体现了宋代工艺不求繁缛繁缛的性格，观之抚之有妙不可言之感。其一暗一明，而红则呈紫红色，葱翠可爱	萧高洪：《新见唐末砚图说》，湖北美术出版社2002年版，第98页	
宋洮河石砚		长20厘米，宽12厘米	款：张问陶铭、郑孝胥铭，配桦木盒。石质文理紧密，色苍灰呈微紫，极具古朴典厚，造型古朴典厚，刀法简练遒劲	余继明编著：《中国古砚图鉴》，浙江大学出版社2000年版，第27页	
宋洮河砚拓片	实物为河南赵光华藏			王玉明：《洮砚的鉴别与欣赏》，甘肃人民美术出版社2014年版，第6页	

续表

名称	收藏地	形制、尺寸	基本描述	参考文献	图
宋匜形洮河石砚		直径13.5厘米，高2.4厘米	圆盘形，带匜状流，外侧内敛，内墙倾斜，平底。造型与南宋圆盘砚相似。通体深绿色与土红色交融，属红绿洮，扣之发声清脆。肌理细密，十分难得。为早期洮河石砚。	吴战垒：《鉴识古砚》，福建美术出版社2002年版，第53页	
宋卷荷红丝洮砚		长21厘米，宽14.4厘米，高4.3厘米	洮河石砚，石色暗青。砚堂宽广，随形劈刻卷荷，堂俏色浮雕三只小蛙，生动逼真，生意盎然，砚	上官卿编著：《中国砚艺大观》，中州古籍出版社2008年版，第468页	
宋随形刷丝洮砚		长12.7厘米，宽8.2厘米，高2.2厘米	洮河石砚，石色暗碧，有刷丝纹理。砚堂微微凸起，四周环以随形墨池，墨池深广，突出洮石之美	上官卿编著：《中国砚艺大观》，中州古籍出版社2008年版，第469页	

191

审曲面势

名称	收藏地	形制，尺寸	基本描述	参考文献	图
宋洮河石子砚		长10.8厘米，宽9厘米，高2.5厘米	砚为洮河石，色绿，所刻石子自然天趣，砚首刻一水蛀为墨池	上官卿编著：《中国砚艺大观》，中州古籍出版社2008年版，第471页	
宋椭圆花瓣洮砚		长11厘米，宽6.5厘米，高2.6厘米	洮河石砚，石色暗红。砚四侧起边线，砚堂宽广，墨池铭刻生动	上官卿编著：《中国砚艺大观》，中州古籍出版社2008年版，第472页	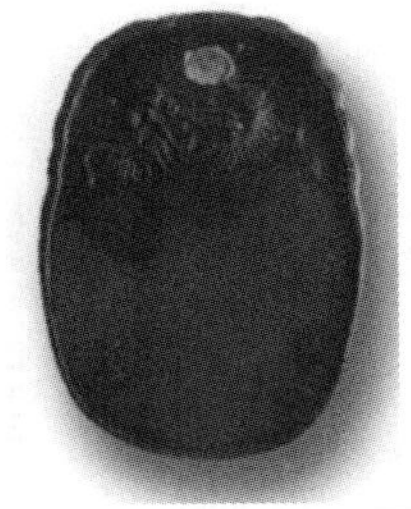
宋海上明月洮砚		长12.7厘米，宽8.2厘米，高2.2厘米	洮河石砚，石色青褐。砚堂为一海上明月，上部刻云纹，下部刻海浪波纹，雕工工整，设计大气	上官卿编著：《中国砚艺大观》，中州古籍出版社2008年版，第473页	

续表

192

续表

名称	收藏地	形制、尺寸	基本描述	参考文献	图
宋凤翔九天洮砚		长18厘米，宽6.2厘米，高3.5厘米	洮河石砚，石色苍黄。砚堂为瓶形，缓缓淌下至墨池，砚堂有包浆。砚上部雕翱翔回首凤凰，全砚端庄大气	上官卿编著：《中国砚艺大观》，中州古籍出版社2008年版，第474页	
宋洮河砚	安徽天象艺术馆藏			郭传火：《古砚收藏与鉴赏》，上海大学出版社2008年版，第31页	
宋洮河砚				郭传火：《古砚收藏与鉴赏》，上海大学出版社2008年版，第30页	

续表

名称	收藏地	形制、尺寸	基本描述	参考文献	图
宋洮河石仿汉瓦汉砚		此砚砚身长25.5厘米，宽14.8厘米，高8厘米，用一块巨大的石头精雕而成	砚身(台)上、下、左、右及底部雕刻不同书体的精美文字，砚额用楷书刻"睿思东阁"四字，砚尾用隶书体刻有"乔贵成家藏"字样，砚身(台)左面用大篆刻制的人名印章款："于黄"，"佰儿"，右手用小篆刻"困学斋"，布局巧妙，使砚台充满了文人雅士之气息。显得典雅而高贵。砚底文字为方笔汉隶，内容为"未央宫北温室殿用萧何监造"，字体遒劲有力。结构及布局一流。砚头用浅浮雕技法，雕一条"汉龙"，不但动感十足，而且威严尊贵	可人：《绝代珍品——瓦当形洮河石砚》，《收藏界》2004年第11期	
宋洮河石菖蒲堂砚	张建才藏			李德全：《话说洮砚》，人民文学出版社2014年版，第49页	
元长方形洮河砚		长方形，长20.5厘米，宽13厘米，高3.5厘米	砚边精微凸起，砚堂中部有储墨凹陷，上部水池与明清流行做法不同，水池深挖，陡而宽，尽显洮河石之美，细洞晶莹，色泽绿漪，石面呈木纹状水波纹，似旋涡翻转，卷云连绵，清丽动人	胡彬彬编著：《中国民间藏砚赏》，上海书店出版社2002年版，第15页	

续表

名称	收藏地	形制、尺寸	基本描述	参考文献	图
明十八罗汉洮河石砚	天津市艺术博物馆藏	长26.5厘米、宽20.2厘米、高8.4厘米	明十八罗汉洮河砚，砚体作椭圆形，砚面于水池部分雕刻宫殿、云龙、海水、海堂的图景。砚堂平整为圆目，上下构成一幅高空红日、海底出宫的图景，采用白描阴刻手法，线条明快简练，运刀苍劲圆浑。罗汉神态各异，并衬托以怪石、流云，抚如仙境。砚底内凹，有呼之欲出之状，柱石耸立、鱼龙呼啸，浮雕海浪翻卷，与砚面精细的线刻形成鲜明对比。砚体敦厚，石质苍碧。此砚原为天津文物收藏家徐世章收藏，后捐赠给天津艺术博物馆藏	王念祥、张善文：《中国古砚谱》，北京工艺美术出版社2005年版，第82页　蔡鸿茹、胡中泰主编：《中国名砚鉴赏》，山东教育出版社1992年版，第69页	
明兰亭洮河石砚	李家栋藏	长26厘米、宽18.5厘米、高8厘米		王念祥、张善文：《中国古砚谱》，北京工艺美术出版社2005年版，第108页	
明兰亭雅集洮河绿石砚		长21.8、宽13.4、高6.6厘米	"兰亭雅集"为历代文学艺术创作中多见的题材，盛传至今仍然为人津津乐道。此洮河绿石皆栩栩如生，亦真亦幻，令人心生向往，梦回晋唐，神游物外，感慨万千。砚面上方潺潺小溪为墨池，同有小桥相连，意境美好；所作人物形态各异，神情自若，刻画洗练，古朴典雅。砚背深开斜通式覆手，琢浴鹅图，琢溶鹅池，笔意尽显。整器颇为风雅，包浆滋厚流丽，石质细腻光滑，为难得的兰亭砚一方。配鸡翅木砚盖，做工亦颇具巧思，半藏半露之间，尤显意趣盎然	《文房清玩·历代名砚砚专场》，西泠印社2011年春季拍卖会7月19日，第3482图　说明：此砚为《古名砚》洮河绿石卷，第36、37页，日本二玄社1976年版	

195

续表

名称	收藏地	形制、尺寸	基本描述	参考文献	图
明洮河绿石板砚	王念祥藏	长22厘米，宽14.5厘米，高2.5厘米		王念祥、张善文：《中国古砚谱》，北京工艺美术出版社2005年版，第114页	
明洮河丝瓜蔓椭圆砚		长13.4厘米，宽9.3厘米，高1.4厘米	洮河石，砚体呈椭圆形，四角浑圆，砚堂平阔受墨处微凹，上首依势深挖以为墨池，砚额右上角浮雕瓜蒂，籽实饱满，瓜叶肥厚，于瓜茎相连，瓜茎环围成砚唇，构思奇巧工艺宽大、藤蔓细嫩，其润如玉，石质坚劲细嫩精绝，石色青绿。	《墨池余韵·日本私人收藏古砚专场》Ⅱ，华辰2011年春季拍卖会5月20日，北京，第358图	
明洮河石抄手砚		17.5×10.5×3.5厘米	说明：洮河石，砚体呈长方形，做玉堂抄手式。砚堂平展开阔，自下向上缓缓斜削，上端斜削深挖已成墨池，砚堂受墨处微凹，其周有砚唇，三宽一窄。两附较高下端无堵，整体造型质朴稳重，端庄而不失其隽秀。在线面关系结合，充分运用其空间上的布局，此砚选材为洮河砚，历史悠久在权贵的书房之中，金代诗人元好问就曾有诗曰："县官岁费六百万，才得此砚来临洮。"此砚来临洮，又称之为鹦鹉血。石质坚实滋润细腻，为洮河石中的名贵品种，砚身之上略显斑驳漫漶，颇具古韵古色极堪赏玩	《墨池余韵·日本私人收藏古砚专场》Ⅱ，华辰2011年春季拍卖会5月20日，北京，第373图	

续表

名称	收藏地	形制、尺寸	基本描述	参考文献	图
明洮河麒麟八方砚		12×11.7×4.9厘米	说明：洮河石，砚做八棱形，砚唇平折凸起，上饰方折云雷纹，砚堂约占砚面三分之二，上首浮雕麒麟瑞兽，做直立回首状，龙头鹿角熊眼虎背腰蛇鳞。乃中国四灵兽之一，主"仁"。常以之比喻杰出之人，在古代吏治上为一品朴服的图案。石色灰青，石腠颜色艳丽细腻理美观，好似流云，细浪。洮河砚在唐代便以名扬天下，他具有发墨快，蓄水持久不耗，颜色纹理美丽，保湿面利笔等等优点。为人所爱。砚侧镂刻楷书砚铭："山色遥连秦树晚，乾隆九年注丙。"圆形深挖开光，内镌刻钤印"姚三辰铭"。姚三辰，字舜扬，号异湖，历任侍讲，内阁学士，安徽学政等职。乾隆时，官至吏部右侍郎	《墨池余韵·日本私人收藏古砚专场》II，华辰2011年春季拍卖会5月20日，北京，第378图	
明云龙纹洮河砚		23.1×17.8×3.6厘米	说明：洮河石，砚体略呈椭圆形，四角浑圆，随形雕琢为砚，砚面平阔呈卵形，受墨处微凹，云纹线条流畅，形状如同笔架山，砚堂之上浮雕云龙纹，其内雕平阔开窗，云中有一条神龙，动感十足，砚背平阔细腻，人物刻画细腻，其内刻画细密，人物故事，亦是洮河中的名品鹏鹏血，为洮河濒嵊崖上层水湾所出产的紫石，石色紫红，此石石质细腻，石色高贵纹理清晰细密，如同丝绸一般，又如澄塘月漾，美轮美奂。稀有难得	《墨池余韵·日本私人收藏古砚专场》II，华辰2011年春季拍卖会5月20日，北京，第424图	
明洮河砚	卢善合藏			王玉明：《洮砚的鉴别与欣赏》，甘肃人民美术出版社2014年版，第7页	

续表

名称	收藏地	形制、尺寸	基本描述	参考文献	图
明"四蝠捧寿"洮河砚	掬墨轩藏	长18厘米，宽18厘米，高4厘米		安庆丰：《中国名砚·洮砚》，湖南美术出版社2010年版，第14页	
明洮河砚	掬墨轩藏	直径19厘米，高3厘米	砚为浅浮雕，整体为一张荷叶的造型，自然卷曲收边，砚面琢出洮河质坚润利琢磨"行书铭，款署"若元山人"，疑为后补。砚有数颗斯铜钉。砚背有"维斯砚	安庆丰：《中国名砚·洮砚》，湖南美术出版社2010年版，第78页	
明洮河砚	出土于临洮牙下			车建军：《鉴石集粹话洮砚》，甘肃文化出版社2014年版，第13页	
明通景式洮砚				车建军：《鉴石集粹话洮砚》，甘肃文化出版社2014年版，第17页	

续表

名称	收藏地	形制、尺寸	基本描述	参考文献	图
明鸭头绿苇塘月色洮河砚		鸭蛋形砚，长20.4厘米，宽15厘米，高2.4厘米	画面表现一鸟、一月，两支芦苇，烘托了苇塘夏夜的美景	王俊虎：《砚证文明——古砚鉴赏指南》，安徽美术出版社2013年版，第150页	
明蝉形涸池长方底铭洮河砚		长方形洮砚，长19.7厘米，宽13.7厘米，高2.6厘米	砚周宽边围框，砚尾无堵，砚面内侧刻有阴线，将砚区内外分开。砚面设计成蝉形，蝉的头部深刻为砚池，腹部浅刻为砚堂。砚岗饱满，刻工有力。砚底四角刻有"本立之砚"四字，出自佛语"本立则道生"，文意与蝉形砚形制相合。若反读，则为"砚之立本"，加上中间竖刻"三十"二字，其意当为砚主人惜时自勉的座右铭	王俊虎：《砚证文明——古砚鉴赏指南》，安徽美术出版社2013年版，第151页	
明"连中三元""一甲传胪"竹节边长方形洮河砚		长方形洮砚，长17.9厘米，宽11.7厘米，高2.4厘米	竹节边，方平堂，月牙池，高子砚堂；砚岗"一甲传胪"边，高子砚堂"连中状元"。池周自然起边，简洁大方。纹槽栩栩如生；堂首双珠纹表示"挥毫落纸如云烟"；池内篆书刻有杜甫著名诗句"挥毫落纸如云烟"	王俊虎：《砚证文明——古砚鉴赏指南》，安徽美术出版社2013年版，第152页	

续表

名称	收藏地	形制，尺寸	基本描述	参考文献	图
明史可法铭黄道周玄武纹叶形洮河石砚		长24.3厘米，宽16.5厘米，高3.2厘米	砚以洮河石制成，色蓝绿而有黑色斑点，作叶形。正面前端浮雕海水玄武纹，背部凸起叶筋。右下筋间镌刻铭文"崇祯壬午为石斋丈人铭。道邻史可法"二字。下镌刻橄榄形小印"可法"二字	王青路：《明·史可法铭黄道周玄武纹叶形洮河石砚》，《文艺生活(艺术中国)》2009年第10期	
清道光庚黄年龙凤纹叶形洮河石砚拓	上海博物馆藏	长27.9厘米，宽21.8厘米，高4.3厘米	此砚铭络款中有具体的年款而无刻铭者，实属罕见。解读砚铭，铭者认为砚是"夺鸭头绿"的"端溪妙品"，即绿萼端，并大加赞扬，认为是文人学士珍藏首选，将砚收藏于翡翠砚匣，与翡翠"一色相间"，可谓相得益彰，只是砚匣今已流失。如此盛装，此砚非绿端，而是洮河石砚。如此砚咏，可见珍爱之意。可是，洮河石产于甘肃洮河沿岸，今属甘南藏族自治州的卓尼县。洮河砚石质细密晶莹，以碧绿色为主，绿色中往往在带有条条纹理	华慈祥：《上海博物馆藏明清题铭砚》，《中国书法》2016年第7期	
清荷叶洮河石砚拓		正面：156×230毫米 背面：170×220毫米		刘建平：《中国历代名砚拓谱》（下），天津人民美术出版社2001年版，第6—7页	

200

续表

名称	收藏地	形制、尺寸	基本描述	参考文献	图
清渡人洮河砚		长26厘米，宽21厘米，高约1.5厘米	绿黄色，云朵形，包浆油亮，正面上方刻一位老人携幼童，乘着葫芦备力划浆，砚周边施以云纹，自然流畅。砚背铭曰：幻人呈幻事，依幻非真相，真灭幻亦灭，丁无相可得，千日至蓬岛。铃印三方：混元，酒旌仙客，三教九流中人。铭文前洮河句乃是禅宗解悟之语，三方印章表明此砚原来的主人是好酒的方外之人	曹隽平：《石虽无言最可人——抱朴斋藏有款砚》，《艺术中国》2015年第1期	
清"书中金玉"铭云气纹洮河砚		长方形洮砚，长26.6厘米，宽17.6厘米，高3.3厘米	砚面状若锦书，周周起边，砚首和两侧留边较宽，上施满工。左侧书铭有篆书砚铭"书中金玉"，右侧书边满刻双连锦地纹，寓意锦上添锦。砚首浮雕云龙纹，寓意"高中成龙，福泽苍生"。堂池宽大，周围细功，砚底覆手深竣，边角浑圆	王俊彪：《砚证文明——古砚鉴赏指南》，安徽美术出版社2013年版，第168页	
清洮河石砚	中贸圣佳拍卖的乾隆御题洮河砚		2011年，中贸圣佳中国古董珍玩专场拍卖会上，一方刻有乾隆御题的洮砚震惊四座。砚身刻"出天汉，胜玉英，琢为研，纯粹精"的砚铭和"永保用之"的钤印	车建军：《鉴石集粹话洮砚》，甘肃文化出版社2014年版，第14页	

续表

名称	收藏地	形制、尺寸	基本描述	参考文献	图
清道光洮河绿石龙凤大方砚				车建军：《鉴石集粹话洮砚》，甘肃文化出版社2014年版，第18页	
清带盖自然形洮砚				车建军：《鉴石集粹话洮砚》，甘肃文化出版社2014年版，第19页	
清瓜蝶纹洮砚		长19.2厘米，宽13.2厘米，高4厘米		李成昌：《古砚墨韵》，浙江古籍出版社2005年版，第58页	

续表

名称	收藏地	形制、尺寸	基本描述	参考文献	图
清弥勒佛洮砚		长23.3厘米，宽14.8厘米，高3.5厘米		李成昌：《古砚墨韵》，浙江古籍出版社2005年版，第60页	
清随形洮河石砚		长27厘米，宽22厘米，高4厘米		李成昌：《古砚墨韵》，浙江古籍出版社2005年版，第62页	
清洮河砚砖	徐世昌旧藏	长21厘米	石质细腻，呈绿色。雕刻苍润，风格古朴。边缘字款清晰	余继明编著：《中国古砚图鉴》，浙江大学出版社2000年版，第142页	
清洮河石砚	才让扎西藏	长16.8厘米，宽12厘米	盖子上的人物似罗汉打坐，人物线条清晰，造型逼真。砚额明显，砚额叶蔓连连，镂空与浮雕技法相结合。砚身磨损自然，砚堂磨损痕迹明显，饱含岁月沧桑	安庆丰：《中国名砚 洮砚》，湖南美术出版社2010年版，第12页	

续表

名称	收藏地	形制、尺寸	基本描述	参考文献	图
清石形带盖松月梅鹿砚				包孝祖、季绪才编著：《中国洮砚》，甘肃文化出版社2014年版，第103页	
清洮河砚	安徽天象艺术馆藏			郭传火：《古砚收藏与鉴赏》，上海大学出版社2008年版，第32页	
清林则徐曾用洮绿洮石砚	长沙市博物馆藏	正方形洮砚，14.3厘米见方，厚4.8厘米，外形及装饰十分简单朴素	此砚为20世纪80年代初期长沙市博物馆由民间征集而来，由于当时的征集信息不详，没有留下详细的参考依据。一种说法是由左宗棠后人捐献，还有一种说法是由湘军后人转赠的。由于事人都已不在，当事人都已不在，便已无从考证。但从石砚本身的特征和众多的文字来分析，它是一件极具研究价值的文房之宝。砚台侧面同和人物顺序来排列，有三处题刻：其一，侧刻"乙卯白文和"葬"字五字，左右两侧分别刻有"乙卯白文和"葬"尊"朱文印；其二，侧刻"长薇鉴赏"行书四字，侧刻"湖海楼著书之砚，船山题"和"邵氏子湘"未文印；其三，侧刻有朱文"同陶"未文款识。右边具体的文字来分析："大吉祥宜用"篆书五字，右边留下朱彝尊、邵长薇、张同陶三人的印文字与印章，经反复复写世传作品文字内容以及印鉴比较，均一脉相承。而从这几处题跋跟文字内容跟题跋的原主人陈维崧也浮出了水面	向梓凭：《林则徐曾用砚赏析》，《文物天地》2017年第4期	

续表

名称	收藏地	形制、尺寸	基本描述	参考文献	图
清仙桃形红洮河石砚		方14.8厘米，宽12.4厘米，高1.4厘米	红洮河石，质地细腻，坚实易发墨，颇为难得，砚成桃形，刻画细腻精到，雅趣可爱，讨人喜欢，配波萝漆盒	《文房清玩·历代名砚砚专场》，西泠印社2011年春季拍卖会7月19日，第3538图	
清龙池洮河绿石砚		长18.7厘米，宽12厘米，高5厘米	长方洮河绿石，砚面平坦，墨池深凹，内镌一神龙游于云层之间。龙极具威严，舞爪盘曲，砚背深开抄手，龙之脊背忽隐忽现，与砚面相呼应，颇具神秘感。配红木砚盒	《文房清玩·历代名砚砚专场》，西泠印社2011年春季拍卖会7月19日，第3480图 说明：此砚为《古名砚》洮河绿石卷，第92页，日本二玄社1976年版	
清瑞兽纹洮河绿石砚		长19.3厘米，宽11.6厘米，高3.3厘米	洮河绿石，色青绿而微带黄色，是较为名贵且难得的一种砚石。此砚开长方淌池，四缘镌刻古兽纹饰，刀法写意却极为传神。配红木天地盖。铭文：1.洮河之珍。2.文绣院藏宝	《文房清玩·历代名砚砚专场》，西泠印社2011年春季拍卖会7月19日，第3546图	

续表

名称	收藏地	形制·尺寸	基本描述	参考文献	图
清仿竹节洮河砚		长15.5厘米，宽9厘米，高3.5厘米	洮河石，砚体呈长方形仿生竹节状，砚堂平整，依势向上缓缓斜削，深挖一字墨池做落潮式，砚额之上浮雕一节竹枝，枝节细韧，竹叶挟长平展，砚背平阔，以竹节纹做装饰	《墨池余韵·日本私人收藏古砚专场》Ⅱ，华辰2011年春季拍卖会5月20日，北京，第352图	
清乾隆御赐米研洮河砚		15.7×10.4×2.5厘米	说明：洮河石，砚体呈长方形，砚堂墨池相连，其状如同宝瓶，四周轮廓以西化的忍冬纹界定，在圆明园大水法、西洋楼等建筑构建之上，也有类似的装饰纹样，线条优雅流畅，纹样之间交待明确，给人以繁华梦幻之感，也足见当时西方文化对中国文化的影响，及中国文化本身所具有的包容性。墨池做深挖，墨池与砚堂之间镌刻楷书"米研"二字，砚背覆手深挖，一级开光，其内镌刻有楷书砚铭"丙辰正月初五，臣纪昀。时臣年七十有三"钤印"纪"。丙辰年正月初五为1796年，为嘉庆元年，正月初一嘉庆皇帝登基，故而乾隆皇帝为太上皇。纪昀生于1724年卒于1805年，1796年为七十二岁，按照中国传统习俗虚岁十有三。于历史相吻合。砚侧镌铭文"昭和十八年八月，北支永野部队，医务室"另一侧镌刻"池田正男大尉，殿"昭和十八年为1939年，北支永野部队应隶属于甲级师团永野野修身。据此铭文，此砚当是日本侵华军队官员赠之物。有绿黄纹路相参而在故而，称为"黄标绿漪石"石质细嫩，因其色生于洮河深水之处故而，其上水溢，楮水不耗，历寒不冰。三清茶宴，由乾隆皇帝所创制，嘉庆四会赏赐诸臣，每年在重华宫举行茶宴君臣赋诗，最后皇帝还会赏赐诸臣，以示恩宠。"三清茶是由梅花、佛手、松实三味，以干净雪水烹制而成。"	《墨池余韵·日本私人收藏古砚专场》Ⅱ，华辰2011年春季拍卖会5月20日，北京，第400图	

续表

名称	收藏地	形制、尺寸	基本描述	参考文献	图
清洮河石素砚		长18厘米	洮河石，砚体呈长方形，整体光素无纹，不设砚堂墨池，古朴典雅	《墨池余韵·日本私人收藏古砚专场》Ⅱ，华辰2011年春季拍卖会5月20日，北京，第491图	
清晚期洮河径形砚	掬墨轩藏	直径8厘米，高3厘米		安庆丰：《中国名砚洮砚》，湖南美术出版社2010年版，第25页	
清洮河砚	杜九天藏			王玉明：《洮砚的鉴别与欣赏》，甘肃人民美术出版社2014年版，第9页	

续表

名称	收藏地	形制、尺寸	基本描述	参考文献	图
民国时期洮砚	王玉明藏		王式彦雕刻	王玉明：《洮砚的鉴别与欣赏》，甘肃人民美术出版社2014年版，第9页	
民国时期带盖圆砚				车建军：《鉴石集粹洮砚》，甘肃文化出版社2014年版，第20页	
现代洮砚			苗存喜龙凤带盖传统规矩形洮砚	车建军：《鉴石集粹洮砚》，甘肃文化出版社2014年版，第81页	

说明：

1. 此表收录了笔者所见图书资料中刊布的洮砚图片和相关文字说明。由于笔者能力所限，也并非本书重点所在，对于其中的图片是否确实为洮河石砚，年代是否准确，本书未做考证与鉴别，均按原书、文章作者所说为准。文字说明除个别文字稍有删减和字词上的改动外，也主要以原作者的原话为主，特此说明，读者若需进一步研究，则可根据参考资料所提供的信息查看原著和原文。

2. 由于笔者所见有限，此处所列洮砚数量难免有限，其他民间私人收藏、个别博物馆收藏以及其他书籍资料中介绍的洮砚可能还有很多，都未能录入，也特此说明。

3. 对于原作者未说明的信息，为了保持原状，笔者并未补充描述。

4. 南京的郭光德先生曾出版《尚水阁藏砚》（文物出版社2011年版）、《唐宋砚谱》（江苏美术出版社2013年版）。书中刊登了他个人收藏的大量洮砚图版。限于版面，此处不再收录。研究者可查原著辨别使用。

参考文献

一　古代文献

1. 刘俊文总纂：《中国基本古籍库》，北京爱如生数字化技术研究中心研制。

2.（明）高濂：《燕闲清赏笺——遵生八笺》之五，巴蜀书社1985年版。

3. 闻人军译注：《考工记译注》卷上，上海古籍出版社2008年版。

4.（汉）许慎：《说文解字》，天津古籍出版社1991年版。

二　近现代文献

著作类

1. 韩军一：《甘肃洮砚志》。此书为手抄本，保存在甘肃省图书馆，一直未能刊印。

2. 祁殿臣编著：《艺斋瑰宝洮砚》，甘肃民族出版社1992年版。

3. 祁殿臣编著：《卓尼洮砚产业文化》，甘肃民族出版社2007年版。

4. 何义忠主编：《洮砚文化》，中国文史出版社2009年版。

5. 安庆丰：《中国名砚·洮砚》，湖南美术出版社2010年版。

6. 沉石编著，卢锁忠、马万荣主编：《中国洮河砚》，甘肃文化出版社2011年版。

7. 吴笠谷：《名砚辩》，文物出版社2012年版。

8. 李德全：《话说洮砚》，人民文学出版社2014年版。

9. 王玉明：《洮砚的鉴别与欣赏》，甘肃人民美术出版社2014年版。

10. 车建军：《鉴石集粹话洮砚》，甘肃文化出版社2014年版。

11. 包孝祖、季绪才编著：《中国洮砚》，甘肃文化出版社2014年版。

12. 袁爱平：《国宝洮砚》，敦煌文艺出版社2018年版。

13. 洮砚李氏志编委会：《洮砚李氏志》，2012年。

14. 吴永仁主编：《中国中学教学百科全书·化学卷》，沈阳出版社
    1990年版。

15. 李铁民编著：《砚雕艺术与制作》，上海书店出版社2004年版。

16. 雷圭元编著：《图案基础》，人民美术出版社1963年版。

17. 蔡鸿茹：《中华古砚100讲》，百花文艺出版社2007年版。

18. 《墨池余韵·日本私人收藏古砚专场》Ⅱ，华辰2011年春季拍卖
    会，5月20日。

19. 王念祥、张善文：《中国古砚谱》，北京工艺美术出版社2005年
    版。

20. 蔡鸿茹、胡中泰主编：《中国名砚鉴赏》，山东教育出版社1992年
    版。

21. 杨代欣编著：《中国砚台图录》，新疆人民出版社2004年版。

22. 王俊虎：《砚证文明——古砚鉴赏指南》，安徽美术出版社2013年
    版。

23. 萧高洪：《新见唐宋砚图说》，湖北美术出版社2002年版。

24. 余继明编著：《中国古砚图鉴》，浙江大学出版社2000年版。

25. 吴战垒：《鉴识古砚》，福建美术出版社2002年版。

26. 上官卿编著：《中国砚艺大观》，中州古籍出版社2008年版。

27. 郭传火：《古砚收藏与鉴赏》，上海大学出版社2008年版。

28. 胡彬彬编著：《中国民间藏砚赏》，上海书店出版社2002年版。

29.《文房清玩·历代名砚专场》，西泠印社2011年春季拍卖会，7月19日。

30. 刘建平：《中国历代名砚拓谱》（下），天津人民美术出版社2001年版。

31. 李成昌：《古砚墨韵》，浙江古籍出版社2005年版。

论文类

1. 郝进贤：《洮河绿石砚》，《甘肃工艺美术》创刊号，1981年。

2. 徐自民：《洮砚风格浅谈》，《甘肃工艺美术》创刊号，1981年。

3. 秋子：《洮砚论稿》，《丝绸之路》1994年第11期。

4. 罗扬：《宋代洮河石砚考》，《文物》2010年第8期。

5. 半知：《宋代十八罗汉洮河砚之猜想》，《东方收藏》2010年第3期。

6. 周晶：《甘肃洮砚及其艺术特色》，《丝绸之路》2009年第8期。

7. 陈沁：《洮河流珠，砚之瑰宝——解读洮砚的艺术价值》，《和田师专学报》2010年第1期。

8. 苏清华：《中国洮砚及其造型艺术》，《兰州教育学院学报》2001年第1期。

9. 薄满红、王清贵：《艺斋瑰宝——洮砚》，《丝绸之路》1994年第3期。

10. 黎泉：《洮河绿石含风漪》，《丝绸之路》1993年第3期。

11. 史忠平：《洮砚的雕刻历史与工艺传承》，《兰州文理学院学报》（社会科学版）2014年第5期。

12. 史忠平：《洮砚的历史与审美》，《艺术生活——福州大学厦门工艺美术学院学报》2014年第3期。

13. 史忠平：《洮河绿石古今考论》，《丝绸之路》2017年第9期。

14. 史忠平：《古代文人与洮河绿石砚》，《兰州文理学院学报》（社会科学版）2018年第2期。

15. 杨春霞、王晓伟、汤庆艳、李晓雅、贾元琴：《甘肃卓尼喇嘛崖洮砚地质特征及成因》，《矿产与地质》2010年第4期。

16. 冯守国、陈恩琦：《洮河绿石含风漪》，《上海工艺美术》2004年第1期。

17. 李娜：《为洮砚修志，扬洮砚之名——记韩军一及其〈甘肃洮砚志〉》，《图书与情报》2008年第2期。

18. 伍兴仁：《关于甘肃洮砚及其艺术特色的探讨》，《美术教育研究》2016年第3期。

19. 黄丽珉、杨甜甜：《卓尼洮砚的艺术与审美价值浅析》，《雕塑》2016年第4期。

20. 李江平：《洮砚雕刻刀法与保养方法简述》，《海峡科技与产业》2018年第1期。

21. 吴建伟：《洮砚丛说补遗——黄宗羲诗〈史滨若惠洮石砚〉诠释》《西北第二民族学院学报》（哲学社会科学版）1999年第3期。

22. 朱思红：《略述砚的产生及其形制的演变》，《文博》1992年第6期。

23. 华慈祥：《隋唐五代出土砚研究》，《上海博物馆集刊》2008年。

24. 华慈祥：《宋、辽、金出土砚研究》，《上海博物馆集刊》2005年。

25. 张希忠：《从〈天工开物〉谈古代的废旧金属的回收利用》，《有色金属再生与利用》2003年第5期。

26. 石明秀：《考古所见先秦两汉古砚漫谈》，《寻根》2010年第5期。

27. 高蒙河：《先秦的砚》，《中国文物报》2010年7月23日第6版。

28. 高蒙河：《汉研与汉砚》，《中国文物报》2010年8月6日第6版。

29. 高蒙河：《研和砚的谱系》，《中国文物报》2010年9月17日第6版。

30. 王如实：《晚唐也有洮河砚》，《收藏家》2003年第1期。

31. 傅秉全：《洮河石砚与鼍矶砚》，《故宫博物院院刊》1980年第1

期。

32. 可人：《绝代珍品——瓦当形洮河石砚》，《收藏界》2004年第11
    期。

33. 王青路：《明·史可法铭黄道周玄武纹叶形洮河石砚》，《文艺生
    活（艺术中国）》2009年第10期。

34. 华慈祥：《上海博物馆藏明清题铭砚》，《中国书法》2016年第7
    期。

35. 曹隽平：《石虽无言最可人——抱朴斋藏有款砚》，《艺术中国》
    2015年第1期。

36. 何枰凭：《林则徐曾用砚赏析》，《文物天地》2017 年第 4 期。

37. 郑珉中：《对两汉古砚的认识兼及误区的商榷》，《故宫博物院院
    刊》1998年第4期。

硕士论文

1. 吴平勇：《传统手工技艺的非正规教育传承模式研究——洮砚制作
   技艺的个案分析》，西北民族大学，2013年。

2. 杨甜甜：《卓尼洮砚研究》，西北师范大学，2016年。

3. 刘亚亚：《洮砚文化的人类学调查与解读》，兰州大学，2018年。

4. 张悦：《唐宋时期砚台初步研究》，吉林大学，2013年。

5. 刘彦佐：《考古出土的汉砚研究》，郑州大学，2011年。

后　记

　　五年前，我接到一位核心刊物编辑的电话，说他们的杂志打算做一期关于文房四宝的专题，约我写一篇洮砚的文章。从此，我开始在好友李江平、李海平兄弟指引下，到甘南州卓尼县洮砚乡走访、调查。

　　当第一次走进砚工家中，第一次站在喇嘛崖面前时，我对自己完全没有了信心。因为，眼前的这一切，都是那么陌生。然而，在每位砚工的眼中，又都流露出对研究洮砚、宣传洮砚的渴求以及对我的期望。就这样，我坚持了下来，并在半年的时间里，完成了一篇名为《洮砚考论》的文章。后来，给我打电话的编辑并没有采用我的文章。但木已成舟，我决定乘着它在喇嘛崖周围的碧水中飘荡，一探洮砚的究竟。由此，我并没有中断对洮砚的了解和认知。

　　2013年，我申报的《卓尼李氏制砚工艺传承研究》，被西北师范大学"青年教师科研能力提升计划"项目批准立项。2015年，该课题又被批准为"2015年度教育部人文社会科学研究青年基金项目"。这不仅是对我研究洮砚的前期成果的肯定，更是对我研究洮砚提出了更高的要求。在接下来的时间里，我多次前往卓尼，越来越多地接触与洮砚相关的人和事。也进一步认识到洮砚作为四大名砚之一的天然优势和地域劣势，了解到砚工的人生理想与生存现状，知道了洮砚的制作工艺和传承方式。也正是在这一漫长的过程中,当初的研究思路不断得到更新和矫正。最后呈现在这里的,正是数次更新与矫正之后的结果。就我们对洮砚已有成果的掌握来看,本书的特点主要有三点:第一是对洮砚技法的文本呈现;第二是对洮砚古老工具的挖掘整理;第三是对洮砚新资料的贡献,主要集中在附录部分。

总之,研究洮砚,对我而言,纯属意外,我只好将其归结为一种缘分。虽然坚持了多年,但毕竟因缺少实践体验、当地生活经验以及充足时间而留有很多不足和遗憾,敬请读者批评指正。

在本书的撰写中,得到了李茂棣、张建才、包述吉、贾晓东、刘爱军、王玉明、卢锁忠、汪忠玉、洪绪龙、马绪珍、李国琴、马万荣、李海平、李江平、卢宏伟、包旭龙、李月龙等洮砚雕刻大师的鼎力支持与配合。在查阅资料中,得到了甘肃省图书馆历史文献部刘瑛主任与王娟老师,以及兰州财经大学高启安教授、卓尼县经信局丁耀宗先生的大力支持。在出版过程中,得到了中国社会科学出版社王茵副总编、张潜博士的支持和帮助。另外,还有好友张文军、赵勇,我的研究生沈晨晨、王璨、鲜乔生以及我的家人,都给了我很多帮助。在此一并表示衷心的感谢!

史忠平

2018年11月8日于兰州